金の卵

ニワトリへの愛情が
黄金ビジネスを生む！

佐藤剛史
早瀬憲太郎

築地書館

はじめに――胸を張って、農業で儲ける！

農業が３Ｋ、つまり「きつい・汚い・危険」と言われ、敬遠されていた時代があった。

今ではどうか。

農業を**「かっこよくて・感動があって・稼げる」の３Ｋ**にしようという新規就農者がいる。

「農《の》ギャル」なる、農業をするギャルが注目を集めている。

私が勤める九州大学にも、週末になると、農家の手伝いに行く学生が何人もいる。

私の友人には、有名大学出の新規就農者が何人もいる。

時代は変わりつつある。

というか、当たり前の価値観を取り戻しつつあるのだと思う。

日本で農耕がはじまって二四〇〇年。時代は変われど、ずっと日本人は農業とともに生きてきた。農業が敬遠された時期なんて、ほんの五〇年間だけだ。**日本人は、農業から離れて生きられない**のだ。人は、土から離れて生きられないのだ。

ところで、農業にはタブーがある。

儲けることだ。

私には農家の知人が大勢いるが、誰ひとりとして「儲かっている」とは言わない。儲かっているのにそう言わないのか、実際に儲かっていないのか、あえて儲からないようにしているのか。

いずれにせよ、「儲かっています」「笑いが止まりません」という農家に出会ったことがない。

「儲けるために農業をやっているわけじゃない」という主張なのかもしれない。たしかに、農業には「儲かる」以上の価値、魅力がある。

みずからの考えや判断で仕事ができる、みずからの工夫や努力が直接成果に結びつく、家族と一緒に仕事ができる、仕事の内容が多様である、自然や季節を実感できる、みずから作った新鮮な農産物を食べることができるなど、いろいろあるだろう。

だから農家は、儲からなくても農業を続けているのだ。

それだけの価値があるのだ。

間違っても「他の仕事ができないから、農業するしかない」わけではない。

バカに農業はできない。私は一応農学博士で、九州大学の農学部の教員だが、農業で成功する自信はない。他の仕事ができない人間に、農業はできない。それほどのレベルが農業には求められる。総合性、専門性の両方が求められる。技術とマネジメントの両方が求められる。

繰り返すが、**農業には、儲かる以上の価値、魅力がある。**

その上で、私は、儲けてほしいと思っている。胸を張って、「儲けている」と言ってほしいと思っている。

でなければ、あこがれの職業にならないからだ。「かっこよくて・感動があって・稼げる」のがあこがれの職業で、これからの農業はそうでなければならない。

『つまんでご卵《らん》』という卵がある。

福岡県糸島市（旧志摩町）にある『緑の農園』で生産される卵である。

名前のとおり、この卵は、指でつまめるのだ。

一個五〇円で売られ、常に、品切れ状態。

一羽のニワトリは一年間に三〇〇個ほどの卵を産むので、このニワトリは一年間に一万円以上を稼ぎ出すことになる。

現在は七〇〇〇羽飼っているため、売り上げは七〇〇〇万円以上。

それ以外にも、直売所があり、ケーキ工房もある。年間の売り上げは、トータルで二億円を超した。

約二〇年前、わずか二〇〇羽のニワトリと、早瀬と妻とパートの三名ではじめた会社は、現在、三〇名を超える従業員を雇うまでになった。

『緑の農園』の代表である早瀬憲太郎は、「儲けるためにやっているわけじゃない」と言う。

たしかにそうなのだ。

彼は、**ニワトリが住みやすい環境を徹底的に追求**する。そうすると、臭いもハエも発生せず、鳴き声もうるさくない、完全無公害の鶏舎のシステムができあがった。

どれだけ臭いがないか。

早瀬は、最初に鶏舎を建てる際、五反の農地の一番端に自宅を、畑を挟んだ反対側の一番端に鶏舎を建てた。早瀬も、鶏舎の隣で洗濯物を干したくはなかったのだ。

今では、五反の敷地に四棟の鶏舎が建っており、自宅のすぐ隣にまで迫っている。洗濯物干し場は、鶏舎のすぐ隣だ。

それだけ臭いがない。早瀬自身も驚くほどだ。

そんな完全無公害鶏舎で暮らすニワトリは、おいしくて、品質のよい卵を産むようになった。それを消費者が、まっとうな価格で買ってくれる。

ニワトリの幸せ、環境、卵の質のすべてを追求する。その結果として、経済的にも成功した。

つまり、儲かっている。

それを実現した『つまんでご卵』は、まさに**黄金の卵**なのである。

もくじ

第4章　幸せなニワトリは「安全」な卵を産む　101

第5章　「金の卵」の誕生秘話　115

第6章 「金の卵」を生む仕事とは？ 137

第7章 新しい農業ビジネス——フランチャイズ化への夢 153

第8章 ニワトリの幸福が導く成功への道 185

おいしくて、安全で、
黄身を指でつまめる
『つまんでご卵《らん》』

第1章

ニワトリを幸せにするための農業ビジネス

1 「最初にやる」が大事——黄身を指でつまむ!?

一九九〇年。

早瀬憲太郎が福岡県糸島郡志摩町で新規就農し、養鶏場を開いて二年目のことである。

当時、早瀬が飼うニワトリは六〇〇羽。一〇万羽、一〇〇万羽を超える養鶏場があることを考えれば、ニワトリの涙、いやスズメの涙ほどの規模だ。

一大転機が訪れる。

福岡の地方テレビ局、ＲＫＢ毎日放送の人気番組『探検九州』から取材を受けることになった。

当時はデモンストレーションとして、黄身を割り箸でつまんでいた。若く活力のあるニワトリの産んだ新鮮な卵であれば、接触面積の大きい箸でつまむことは、それほど難しくはない。

その日も、早瀬の妻の三根子さんが箸でつまんでいた。

そして皿の上にそっと戻した黄身を見て、早瀬はふと思った。

「なんてりっぱな黄身だろう。これは、もしかすると**指でもつまめる**かもしれない」

割り箸と指とでは、接触面積がまったく異なる。なにより、卵の黄身を指でつまんでみるなんて、考えたこともなかった。誰も思いつきもしなかった。

早瀬は、三根子さんに言った。

「おい。こいつをちょっと、そおーっと指でつまみ上げてみな」

「えー」と言いながら、三根子さんは、おそるおそる黄身に指を触れた。

人差し指と親指に力を入れ、つまみ上げようとした。

そのとき、彼女の成功への確信は「ゼロ」だったという。

まさか指でつまめるとは、思ってもいなかった。

「おっ……」「わっ！」「わぁー!!」というような歓声とともに、黄身は震えながら持ち上がった。

取材に来ていたタレントも、テレビのクルーも驚いていた。

三根子さんも驚いていた。

実は早瀬も驚いたのではあるが、テレビカメラの手前、平静を装った。

おそらく、世界ではじめて、卵の黄身が指で持ち上げられた瞬間である。


後日、この卵は、『つまんでご卵』という名前が与えられ、ブランドを確立する。

実は、『つまんでご卵』が有名になって、養鶏家の何人かが、自分の家で生産された卵をつまんでみた。案外、つまめるのだという。

だからといって、『つまんでご卵』ほどの品質とブランド力とを兼ね備えた卵には育っていない。

早瀬は言う。


「最初にやることに意味がある」

なぜ、最初にやることが大事なのか。

先行者利益を得ることができるからである。「ファーストムーバー・トップシェアの法則」と言う。

具体的な先行者利益のひとつは、「メディアへの取り上げられ方」だ。

たとえば、新聞は「日本一」「日本初」というキーワードが大好きだ。雑誌でもそう。テレビでもそう。プレスリリース（情報提供）する場合には、見出しに「日本一」「日本初」などの言葉を入れ込めば、取材される確率、掲載される確率が高まる。

広告費をかけなくても、宣伝ができる。

そうやって、さまざまなメディアで取り上げられると、ブランドイメージが確立される。つまめる卵＝『つまんでご卵』という具合に。

最近では、インターネットや携帯電話の普及によって情報の伝達スピードが著しく上がり、この傾向がますます強くなっているという。

ファーストムーバー・トップシェア。

難しい横文字を使わなくても、何でも、最初にやることが大事なのだ。

誰もやっていないことをやるのが、大事なのだ。

2　ネーミングがブランドを作る

『探検九州』で、卵がつまめた瞬間の映像が放映された。その後の反響は、すさまじかった。文字どおり、三日三晩、電話が鳴りっぱなしになった。

「これはいける」と早瀬は思った。

「この卵にふさわしいネーミングを考えなければならない」

一五秒でポロッと思いついた。

『つまんでご卵』だ。

一五秒である。

黄身を指でつまみ上げるデモンストレーションと、極めて明確なネーミング。

それは、消費者に強烈なインパクトを与えた。

こうして、一個五〇円という高価格にもかかわらず、生産が追いつかないほどの売れ行きを見せている卵、『つまんでご卵』が誕生した。

ネーミングは商品戦略の「肝」「核」である。

農産物の場合、ネーミングをおろそかにしている場合が多い。というよりも、商品名のない農産物が普通である。

いくらおいしくて、安全・安心な農産物を生産できても、商品名がなければ、消費者はそれをそれと認識できない。区別も差別化もできない。

早瀬はしっかりとネーミングする。

卵が『つまんでご卵』。

ニワトリの肉が『万歩鶏《まんぽけい》』。万歩計と同音である。『緑の農園』のニワトリは一日に一万歩以上歩いているのだ。

直売所の名前が『にぎやかな春』。レイチェル・カーソンの世界的名著『沈黙の春』の逆をいったのだ。

ネーミングへのこだわり、ネーミングできる能力は、彼の経歴の賜だ。

早瀬は、大学卒業後に漫画家として暮らしていた時期がある。趣味で描いていた漫画が売れたのだ。ちなみに、当時のペンネームは『鳥飼《とりかい》ケンタロー』。ニワトリ飼いの早瀬憲太郎である。

四コマギャグ漫画を描いていたのだが、「センスはあったと思う」と早瀬は振り返る。執筆依頼が増え、『少年サンデー』『漫画ゴラク』などにも短期連載。最終的に、原稿料は、一枚一万円を超えるまでになった。

その漫画家時代に、発想力が鍛えられた。一晩で、四コマ漫画のネタを五〇も考えていたという。

そのほかにも、状況設定能力、起承転結やオチを作る力、読者の反応を想定する力、あらゆる力が漫画の執筆には求められる。

ネーミングは、漫画家経験の賜なのだ。

ネーミングする際、早瀬が心がけていることがひとつある。

それは**「名は体を表さねばならない」**「一目見て、この卵とわかる名前でなければならない」ということだ。

調べてみると、いろんな商品名の卵がある。

『くろ丹波』『尾張の卵』『日の出たまご』『筑波の黄味じまん』『なまたまGOOD！α』『湘南美人』『丹沢名水地玉子』『御殿たまご』『奥久慈《おくくじ》』『エコッコ』などなど。

『宝夢卵』という卵もある。ホームラン、と読む。

一方で、「『太陽の卵』ってどんな卵だろう」と思っていたら、それは宮崎県産のマンゴーのブランド名なのであった。

ネーミングは難しい。

その点、『つまんでご卵』は、わかりやすさ、インパクト、覚えやすさの点でばっちりだ。

『緑の農園』『早瀬憲太郎』は知らなくても、『つまんでご卵』は知っているという人は多い。

名で体を表したいと考えた結果が、『つまんでご卵』なのである。

早瀬は言う。

「コピーライターに負けないくらい、自分の商品の特徴を表したネーミングができる自信がある」

3　お客様目線を大切にする

早瀬はなぜ、卵を指でつまもうと思ったのだろうか。

卵がつまめたところで、おいしさが表現できるわけではない。また、単につまめるだけなら、箸でつまもうが、指でつまもうが大差はない。

だから誰もそんなことをやろうともしなかった。

しかし、早瀬はやった。

テレビカメラを目の前にして思ったのだ。

「指でつまんだほうがインパクトは大きい」

消費者の目にどう映るか、ビジュアル、**視覚効果**を考えているのだ。

早瀬は言う。

「思考ではない。感覚だ」

消費者の目にどう映るか。消費者目線、消費者感覚が大事なのだ。

早瀬は、「新規就農するまでの四〇年間、ずっと消費者だった。たぶんこれからも消費者としての感覚を捨てることはできないだろう」と語る。

それが武器になる。

消費者として自分が求めるものをアピールすればいい。

農家で育った農家は、ずっと生産者だから、消費者目線をあえて考えなければならない。

しかし、新規就農者は、消費者目線という武器をすでに持っているのだ。

早瀬はその武器を使いこなしているのだ。

だから、『つまんでご卵』のＰＲ方法も進化している。

皿に割り入れた卵全体をつかむと、白身がしばらく指の間にとどまる。まるで個体のようである。次に、黄身をつまむのだが、最近は、つまんでからフルフルと振るようにしている。

こうしたビジュアルを意識できるか、できないか、その差は大きい。

ただし、ビジュアルも考えてはいるが、こだわりぬいたのは卵の質である。やはり、品質で勝負なのだ。

つまめるだけじゃ卵は売れない。

ネーミングだけじゃ卵は売れない。

一時的には、売り上げが伸びるかもしれない。しかし、それは長続きしない。売れ続けはしない。消費者は、つまみたくて、卵を買うわけじゃない。

やはり、おいしさと安全性が重要なのだ。

早瀬がこだわったのは、**卵のおいしさと安全性**、そして、それを生み出す**ニワトリを飼う環境**である。

4　広告はしない、けれどマスコミを大切にする

『緑の農園』は、年に一〇回以上、各種マスコミに取り上げられる。

多い年は二〇回を超えることもある。

早瀬は、「そういった機会は大切にしなければならない」と考えている。

だからサービスに努めている。

タダで卵を食べさせるというわけではない。

たとえば、「レポーターに、ニワトリのお尻の下に手を入れさせて、ニワトリに熱いほどの卵を直接産み落としてもらう」。

これは定番である。

「誰も見たことがないであろうニワトリの耳の穴を見せる」

「現物を抱えて生物としてのニワトリの解説をする」

マスコミが撮りたい「絵」を考え、それを提供する。それがサービスである。

マスコミ関係者の中で、「『緑の農園』に行けばいい絵が撮れる」「ニワトリや卵のことなら、『緑の農園』だ」という評判ができあがるまでになったら、マスコミに対するサービスは完璧だ。

マスコミ関係者は、他のメディアもチェックしている。そのため、**ひとつのメディアに取り上げられると、他のメディアへの広がりも期待できる。**

だから『緑の農園』は、年に一〇回以上も各種マスコミに取り上げられるのだ。

マスコミに取り上げられる経済価値はどれくらいだろうか。

たとえば、朝日新聞の朝刊全国版の記事下広告なら、一センチメートル×一段が、一五万円である。

テレビのゴールデン・タイムのスポットCMは、一本、約二〇〇万円と言われる。

それだけの経済的価値がある。

広告を打てば、それだけ売り上げが跳ね上がるわけではないけれど、広告を打とうと思えば、それだけコストがかかるのだ。マスコミに取り上げられるということは、それをタダでやってもらえるということだ。

ただし、そういう理由で、早瀬はマスコミに対して上述のようなサービスをしているわけではない。

「マスコミは、養鶏には素人なので、いいアイデアを持ってこない。そんな取材を受けても、たいした影響は期待できない。アイデアは私が考えたほうがいいし、影響も大きいはず。だから、**サービスに努める**」

5　五〇年間、卵の価格が変わらないのはなぜ？

卵は「物価の優等生」と言われる。

卵の価格は五〇年間、ほとんど変わっていない。

一九五五年の卵の平均価格は、一キログラムで二〇五円。当時の国家公務員の初任給は、八七〇〇円。初任給で卵を四二キログラム買える。

二〇〇七年の卵の平均価格は、一キログラムで一六八円。当時の国家公務員の初任給は、二〇万二四九六円。初任給で卵を一二〇五キログラム買える。

卵の価格は変わっていないけれど、卵の価値は三〇分の一に下がっているのである。

これを支えてきたのが、近代養鶏技術である。

近代養鶏技術、つまり平飼い方式から立体方式への変化である。

平飼い方式とは、ニワトリをかごに入れず、鶏舎内を自由に動き回れるようにして飼う方法である。しかし、平飼い方式では、糞がニワトリや卵に付着したり、寄生虫や菌が繁殖する可能性があり、衛生的に問題もある。

そこで考え出されたのが、ニワトリをオリで飼う方法だ。オリで飼えば、糞をオリの下に落とすことができる。

さらに、オリを積み重ねることで立体的に飼うことができる。これが**立体方式**である。日本では、一九五三年頃からバタリー飼育が普及した。バタリーとは、英語のbatteryが語源。バッテリーと同じで、集団、ひと続きのものという意味がある。この場合のバタリーとは、木材や竹製のオリを積み重ねた施設を指す。

しかし、そこで問題となったのが、浮腫性皮膚炎、いわゆるバタリー病である。木材や竹製のオリに付着した糞に、ブドウ球菌が繁殖する。結果、ニワトリは生きながらにして皮膚が腐っていってしまう。

それまでのバタリーにとって代わったのが、針金製のケージである。ケージとは、英語のcage（鳥かご）が語源である。ケージは昭和三〇年代の後半、アメリカから導入され、普及した。一九六六年には、一〇〇〇羽以上飼育農家の約九割がケージ飼育方式をとるようになった。現在は、採卵鶏のほぼ一〇〇％がケージ飼育と考えていい。

鶏舎は、窓の有無によって開放型とウインドーレスとに分けられる。

開放型鶏舎は、自然条件の影響を強く受けるので、それらに対応した管理が必要となる。

ウインドーレス鶏舎とは、窓（ウインドー）のない（レス）鶏舎である。近年、大規模な鶏卵生産場に導入されている。コンピューターにより管理、制御されており、温度や光の管理、給餌、集卵などが全自動で行われる。給餌や集卵、フンの処理には、ベルトコンベヤーが使われる。鶏舎内の環境を人工的に管理しやすくなるが、建設には多額の資金が必要となる。

立体方式の利点は、単位面積あたりの飼養羽数が桁違いに大きくなることだ。空間を最大限活用してニワトリを飼えるようになる。

たとえば、地鶏の飼育方法は、「平飼いで一平方メートルあたり一〇羽以下で飼育」と定義されている。平飼いで飼養できる密度は、一坪あたり三三羽程度となる。

ウインドーレス鶏舎では、五〇センチメートル×四五センチメートルの一区画に五羽を収容した八段重ねのケージ方式で、収容密度が一坪あたり約一五〇羽という飼育方法が比較的多く見られる。

地価の高い日本では、単位面積あたりの経済性の追求、つまり、一坪に何羽飼って、それがどのくらい卵を産むかが、重要なのだ。


これが日本の養鶏技術の近代化である。

そして、それは大きな構造改革をもたらした。

一九六五年の採卵鶏飼養戸数は、約三二三万戸。その農家に飼われていた採卵鶏（成鶏メス）が八八〇九万羽、一戸あたりの飼養羽数は二七羽であった。

平成二〇年の採卵鶏飼養戸数は、約二〇万戸と、一九六五年の六％にまで減少。飼養羽数は一億四二五二万羽と一・六倍に増加。一戸あたりの平均飼養羽数は四万三一八九羽と一六〇〇倍になった。

規模拡大と淘汰が同時に進んだ。

これが養鶏の近代化の歴史である。

こうして五〇年間、卵はほぼ同じ価格を維持し、「物価の優等生」となり得たわけである。

6　ニワトリのSOSを見逃さない

最新式の鶏舎はウインドーレス。

明かりは蛍光灯で、温度、湿度はコンピューター管理。自動でエサが与えられ、自動で卵が集められる。

一ケージに五羽が押し込められ、身動きがとれないほど。

養鶏場はまるで監獄だ。

もちろんニワトリは使い捨て。ニワトリの寿命は一〇年くらいであるが、産卵効率が低下する二年で廃棄される。

卵からかえったヒナたちは、太陽の光に当たることも、自然の風に吹かれることも、土をあさってミミズを探すこともなく、一生を終える。

佐賀県唐津市の農民作家、山下惣一氏は、こんな記事を書いている。

「養鶏農家の友人から、娘ざかりの廃鶏を六羽もらった。自分でつぶして食べようと思ったのだ。子どもの頃からニワトリをさばくのは得意技だった。家の前の畑に簡単な囲いを作って放ってやった。自由の身になってさぞや歓喜するだろうと思っていたところ、予想は外れた。ケージをつかんで生きているため、爪が異常に発達して土の上を歩けないのだ。逃げることも、飛ぶことも知らない。ただ、じっと佇んでいるだけだった。とても食べる気になれず、殺して畑に埋めた」

ケージ飼いの鶏舎の騒音はすごい。

公害と言われるほどだ。

養鶏場のニワトリは、絶え間なく大声で鳴き続けている。これはニワトリの救助信号だ。

ニワトリのヒナは、寒かったり空腹だったりすると「ピーヨ！　ピーヨ！」と大きな鋭い声で救助を求める。それと同じなのだ。

「小さい頃からずっとニワトリを飼ってきた私には、ニワトリの言葉がわかるのです。大きな鳴き声、あれは悲鳴なのですよ。助けてくれー、何とかしてくれー、と言っているのです」

ニワトリが好きな人は、養鶏ができない。

ニワトリ好きの早瀬には、耐えられない光景、耐えられない声なのだ。

そして、ニワトリは薬漬けだ。

冬場になると、ニワトリもウイルス性の風邪をひく。現在の採卵養鶏ではワクチンの対応が基本であるが、以前はそれが広がらないように抗生物質で対応していた。抗生物質は、エサや水に混ぜる。

しかし、耐性菌は一カ月でできるし、さらに強いウイルスが現れてしまい、ウイルスとのイタチごっこになってしまう。

以前の養鶏は、それが一般的であった。

早瀬は、サラリーマン時代に全国の養鶏場を回り、生産現場をずっと見続けてきた。安全な卵もあるにはあるのだけれど、実際にスーパーでそれを選び出すのは不可能であることを知った。

早瀬は、卵の向こう側に広がる生産の現場、その表も裏もすべて知った。

手前に写っているのは、早瀬家の洗濯物干し場。
すぐ隣には鶏舎の屋根が見える。
こんなに近くても、臭いはまったく気にならない！

第2章
ニワトリへの愛情がお客様の幸せにつながる

1　最高の住環境を用意する

平成元年、早瀬はサラリーマンを辞めて養鶏場をはじめた。いわゆる新規就農である。目指したのは、**ニワトリのための最高の住環境**だ。

早瀬の作った鶏舎はこうだ。

鶏舎は、長さが約五〇メートル（二八間）、幅が五・五メートル（三間）、それに幅一メートルの作業通路と二・七メートル（一間半）のサービスルームからなる。

壁は妻側（註）だけ。片流れ屋根で、両方の壁にカーテンを張り、強風や雨の吹き込みを防いでいる。極めて風通しのよい構造だ。

鶏舎内の床は地面から二〇センチメートルの盛り土をし、土のまま。その上に、モミガラを五～一〇センチメートルほど敷いている。平飼い鶏舎によくあるスラット（すのこ）

◉『緑の農園』鶏舎

少し離れた場所にも2棟の鶏舎がある。
計6棟で7000羽のニワトリを飼養。

はない。作業性向上のため、集卵通路とサービスルームにだけ、コンクリートを打っている。

鶏舎の中を約三間×五間の部屋に仕切り、そこに約二〇〇羽ずつのニワトリを入れる。一坪、平均一〇～一三羽である。好きなときに歩き、好きなときに羽ばたける。自由に動ける環境だ。

その部屋の隣には、部屋と同じ広さの運動場を併設。ニワトリは、部屋と運動場を行き来できる。運動場には、各部屋に対応した仕切りがあり、隣の部屋のニワトリと混ざらないようにしている。運動場の床は土のまま。上部は網がなく、開放されている。

運動場では、ニワトリが日光浴と砂浴びをす

◉『緑の農園』運動場

ニワトリたちは自由に歩き、自由に羽ばたく。

る。ニワトリにとって、どちらも大事なストレス解消法である。

こうした環境で、ここのニワトリは**一日に一万歩以上歩く。**

単位面積あたりの経済性の追求という点では、**非効率、ムダだらけ**である。

そんな経済性で養鶏がやっていけるはずがない。

それがこれまでの養鶏業の常識だった。

安い輸入飼料と、何万羽、何十万羽のニワトリを工業的に飼養するスケールメリットで、わずかな利益を積み上げる。それがこれまでの養鶏業の常識だった。

しかし、早瀬が最初に目指したのは、ニワトリのための最高の住環境であった。

（註）建築物の棟に、直角方向に材が渡される両側面のこと。

2　ニワトリにストレスをかけない

一部屋二〇〇羽という単位が重要である。

野生のニワトリ「野鶏」には四種類ある。セキショクヤケイ、ハイイロヤケイ、セイロンヤケイ、アオエリヤケイである。いずれも熱帯アジアに生息し、低地から標高二〇〇〇メートルにまで分布する。六〜二〇羽の群れで暮らしている。

このことから、**ニワトリの群れの単位は小さいほうがいい**ことがわかる。

群れが大きくなってニワトリがストレスを感じるようになると、尻つつきをはじめる。ニワトリは順列をつけるのが好きな動物で、強いニワトリが、弱いニワトリをつつくのだ。内臓が出てくるまでつつき続けることもある。だから、ニワトリのクチバシを切ってしまう養鶏場もある。

早瀬のところに来るヒナもクチバシを切ってあるが、育成業者はすべてのヒナのクチバシを切ることを通常の作業に組み込んでいるので、自分のところのヒナだけ切らないでほしいとは、言いきれないでいるのだ。

一部屋二〇〇羽であれば、ニワトリはストレスを感じない。

群れの規模は小さければ小さいほどいいのだろうが、それでは、経済的にうまくいかない。

ＥＵの有機畜産ガイドラインでも「一群は六〇〇〇羽までに制限」されていることを考えれば、二〇〇羽がいかに少ないかがわかる。

ニワトリのコミュニティ形成と経済性を考えた場合、一部屋二〇〇羽は適当な規模なのだ。

早瀬は**ニワトリにストレスをかけないことを最優先**している。

その証拠に、ここのニワトリたちはあまり鳴かない。鳴いても、低い声で「コーコー」と鳴く。この声は生まれたてのヒナが、お腹がいっぱいで十分温かい状態のときに発する

「ピピピ」という満足の声と同じである。

まったくうるさくない。

それはニワトリが満足している証拠なのだ。

「ケージ飼いのニワトリにとっては、『緑の農園』の鶏舎は天国に見えるはず」

3 ニワトリだって悪臭はつらい！

早瀬が鶏舎を設計する際、まず注意を払ったのは、**鶏舎の構造**である。構造による空気の流れの良し悪しが、公害、ことに悪臭の発生に関係してくるからだ。鶏舎の構造がよければ、床の鶏糞は自然に乾き、無臭で分解される。

次に大事なのはその広さだ。

たとえば、雨の日、四方の一メートルに雨が降り込んだとする。狭い鶏舎であれば、そのほとんどが濡れてしまうことになるが、広い鶏舎であれば、中央の大部分は乾いていることになる。

なぜ乾くことが大事なのか。

鶏糞中には、悪臭の原因となる腐敗菌が含まれている。鶏糞が濡れると、腐敗菌が活性化し、悪臭が強くなるのだ。

臭いがするとたんにハエが寄ってくる。ハエは嗅覚が優れていて、特に、糞便臭の元となるインドール、スカトールが大好きなのだ。臭いがなければ、ハエが寄ってこない。

平飼いだからと言って、悪臭が発生しないわけではない。平飼いでも臭い鶏舎はいくらでもある。そんな鶏舎は、基本的な構造が悪いか、雨漏りしたり、雨が降り込んだりしている。

早瀬は指摘する。

「鶏舎に金をかけていないからだ」

たしかにそうなのだ。

農家は何でも手作りしようとする。ニワトリを平飼いで飼うような、有機農業、自然養鶏を志向する篤農家ほど、何でも手作りしようとする。自分でやるほうが、金がかからないし、自分でやること自体に「百姓の美学」があるからだ。

しかし、**自分でできることには限界がある。**雨漏りするかもしれないし、広い鶏舎は建てられない。

●鶏舎に敷き詰められたモミガラ

好気性土壌菌が糞をどんどん分解してくれるため、
まったく臭わない。

「そうして臭いやハエが発生するくらいなら、最初から金をかけたほうが、ニワトリにも、近隣の住民にも、自分にとってもいい」

臭いやハエを発生させないための工夫はまだある。

『緑の農園』の鶏舎は、床に二〇センチメートルの盛り土をしている。雨が流れ込んでこないようにするためだ。

その上にモミガラを五～一〇センチメートル敷いて好気性土壌菌が鶏糞を分解しやすいようにした。好気性土壌菌のおかげで、鶏糞はサラサラ。さらに、どんどん分解されて糞が溜まっていかない。臭いはまったくない。

臭いがないから、ハエが寄ってこない。万一、ハエが寄ってきても、ウジがわくことがない。床は、ウジがわくのに必要な水分がないほど乾いている。

この地域はそもそもハエが多い地域なのだが、早瀬は、鶏舎内で二〇年間ハエを見たことがないと言う。

ハエがいないから、クモが巣を張らない。

ちなみに、鶏舎が臭いと、ニワトリは、ずっと腐敗臭、アンモニア臭をかぎ続けることになる。もちろん、体にも悪い影響を与えることになる。それはニワトリにとっても不幸なのだ。

4　きれいな空気の鶏舎を作る

鶏舎を建てる場合には、床を濡らさないことが大事である。

とはいえ、雨が降り込まないように、鶏舎が広ければ広いほどいい、というものでもない。

鶏舎を広くすれば空気がよどんでしまい、呼吸器疾患が発生するリスクが高まる。

ニワトリの呼吸器疾患は重症化しやすい。

人間を含む哺乳類は独立した単純な肺を持つ。空気の出し入れの効率が悪い。タバコを吸った後、いくら深呼吸をしても、一分ほど薄い煙が吐息から出続けるが、これは、数回程度の呼吸では肺の空気が完全に入れ替わらないことを示している。

一方、鳥類の肺は大きく異なる。「気嚢《きのう》」という、台所用の薄いラップでできたような袋状の付属器官がある。

気嚢そのものにはガス交換のはたらきはないが、肺の機能を高める一種のふいごの役目を担っている。気嚢は肺から全身の各部に伸び、その一部は骨や筋肉を貫いてまで広がっている。

早瀬は言う。

「鳥とワニと恐竜は、呼吸器のしくみが同じだ」

一説によると、地球は恐竜時代に低酸素状態に見舞われ、そのとき、恐竜は気嚢を発達させたという。そして、非常に効率のよい呼吸のしくみを獲得し、低酸素という過酷な時代を生き延びた。その恐竜の子孫である鳥にも、気嚢は受け継がれたというわけだ。

この気嚢の拡大・縮小により、一方向に空気を流す形で呼吸が恒常的に行われ、酸素を消費した後の空気が肺にとどまることはない。息を吸うときも吐くときも、肺は酸素を取り入れることができるという。

鳥類は、極めて効率的に呼吸しているのだ。鳥は空を飛ぶときに、激しい運動量ゆえ、平常の何倍もの酸素を消費するが、気嚢のはたらきが、それを可能にした。

しかし、複雑な呼吸器官のため、呼吸器病に感染しやすい。気嚢が全身に及んでいるので、いったん感染したら病変が全身に広がりやすく、治りにくい全身病になってしまう。殺処分したニワトリを解剖すると、胸や腿にネバネバする薄膜があったり、薄膜にチーズ状の物質が付着していることがある。これらは皆、肺から広がったマイコプラズマや大腸菌などの微生物が、まさに気嚢で繁殖した結果なのである。患部が胸肉や腿や腹腔内であっても、呼吸器病である。

だから鶏舎は風通しがよくなければならない。

小さい鶏舎のほうが風通しがよくなるが、そうすると雨が降り込みやすくなる。

絶妙なバランスが必要なのだ。

5　ニワトリのためのベッド——革命的とまり木

ニワトリにとって、とまり木は重要だ。

とまり木がなければ、ニワトリは地面に寝る。

しかし、やっぱり、とまり木で眠りたいはずなのだ。

「ニワトリは二時間くらいしか寝ない。脳が小さいからね。人間みたいに脳が休憩を必要としない。だけど、目をとっくに覚ましているのに、とまり木でじっとしている。明るくなってから降りてくる。暗いうちに地面に降りちゃうと、キツネなんかに狙われる。そんな習性があるんだろうね」

体の構造もそうなっている。

ニワトリは、しゃがむと腱が引っ張られ、足が自動的につかまる形になる。だから、力をまったく入れずに、つかまることができる。

◉早瀬考案の革命的とまり木

糞受けの板が、衛生面をばっちりカバー。

ニワトリにとって、とまり木で寝るのは本能的なもので、それが安心できるはずなのだ。

だから早瀬は、そうさせてやりたいと願う。

『緑の農園』のニワトリは、自由に歩き回れ、羽ばたける。砂浴びもできる。**運動の量はニワトリの欲するまま**である。さらにとまり木があるから、ニワトリは上下運動もできる。

このような環境で育ったニワトリは、メスとして生理的に正常な下腹部の脂肪しかつかない。

一方、ケージ飼いのニワトリは運動が一切できないため、皮下から内臓回り、腹腔内まで脂肪がついている。

解体すると、肝臓の状態も違う。『緑の農園』

◉運動場にもとまり木

昼間はこちらが大人気！

のニワトリの肝臓は、かなり小さくて厚みも薄い。色も濃いチョコレート色で、これは正常な肝臓である証拠だ。引きかえ、ケージ飼いのニワトリの肝臓は肥大ぎみで、脂肪肝も見られる。

同じニワトリでも、飼い方で、これだけ健康状態が違う。ストレスが違う。このニワトリの差が、卵の差にもなる。

平飼い鶏舎の中には、とまり木のかわりに、スラット（すのこ）を設置している養鶏場もあるが、そのスラットの下に、糞が溜まる。これはケージの下に溜まる鶏糞と同じだ。ここからいわゆる「養鶏場の悪臭」が発生する。また、糞の上に大量のホコリが溜まる。風が吹いたりすると、大量のホコリが巻き上げられる。

なぜそうなるかといえば、スラットの下をニワトリが歩けないからだ。

早瀬は、そうした問題を解決するために、**可動式のとまり木**を開発。とまり木の下も、ニワトリが自由に歩き回れるようにした。そうすると、ニワトリが歩いたり蹴散らしたりしてくれることで、空気が入り込んで糞の分解が進む。

さらに、とまり木には糞受け板を設置。とまり木の上で糞をすると、糞はいったん、その板で受け止められる。その上で乾いた糞が、下に落ちていく。糞は乾いているので、分解しやすい。

こうしてニワトリにとっての住環境も最高で、完全無公害の鶏舎が完成した。

6　知識と経験を財産に変える

『緑の農園』の鶏舎は、**悪臭、ホコリ、鳴き声騒音、ハエの発生、汚水などの公害がまったくない「完全無公害鶏舎」。**

これまで早瀬は、四回鶏舎を建てたが、一回目から、畜産公害は発生しなかった。完全無公害鶏舎の原型ができた。

養鶏をはじめて一年後、お隣さんが早瀬に言ってきた。

「二〇〇羽じゃ生活も大変だろう。ニワトリの数を増やしたらどうだ？」

彼は、早瀬が養鶏場を開く際、反対運動の先頭に立った人物だった。

隣の住民のこの言葉は、完全無公害のなによりの証明だ。

早瀬は、「最初から偶然うまくいった。いろんな偶然が結びついて奇跡が起きた」と振り返る。

しかし、それは**偶然ではない。**

大学時代、早瀬はニワトリの遺伝学的研究に没頭した。生物としてのニワトリを徹底的に学んだのだ。養鶏ビジネスの総合商社のサラリーマンとして、全国の鶏舎を見てきた経験と知識があった。

それらに基づいた直感、なによりも**ニワトリが住みやすい環境を作りたいという愛情**が、この鶏舎を生み出したのだ。

それから三回、鶏舎を建て直しながら、改良を重ねていった。

養鶏をはじめてから一〇年かかって、やっと完成した完全無公害の理想の鶏舎。完全無公害鶏舎は、いくつかの要素が複雑に絡み合っていて、それは、早瀬の知識と経験の賜なのである。この鶏舎から、最高の品質と味を兼ねそなえた卵が生み出される。

早瀬は、この鶏舎のシステムで、特許を取得した。

ところで、一般的な農家は、知的財産や特許について非常に疎い。優れた技術やしくみ、製品を開発しても、特許、実用新案、商標を取得したり登録したりしない。「そんなことをしても儲けにつながらない」「手続きの時間と手間が惜しい」「そんな難しいことは百姓にはムリだ」といった考えがあるのかもしれない。

逆に農業専門雑誌では、優れた技術やしくみを堂々と公開している。「そんなことまで公開していいの?」と思うくらいのノウハウまで紹介されている。「儲けるためにやっているわけではない」「みんなでよくなったほうがいい」「優れた技術をみんなに広めたい」「本を読んだくらいじゃ実践できないよ」といった考えもあるのかもしれない。

いずれにせよ、農業の世界は、知的財産について非常におおらかだ。それが農業のよさだという人もいる。

早瀬は違う。

「農業の世界は絶対におかしい。先進地に視察に行く。先進地は、快く視察を受け入れ、ノウハウを語る。後発地域は、そのノウハウを活かして、より大きな産地形成をし、先進地がつぶれる。そんなのはおかしい」

そういうことを許していては、先行者利益を確保できない。アイデアや努力や経験、先行投資が、経済的に保障されない。

正直者がバカを見るし、**農業ビジネスとして成功しよう**という層も育たない。結果的に農業という産業全体が育たない。

早瀬は、当たり前のように特許を取得した。商標も登録している。

それは、早瀬が元サラリーマンだから、新規就農者だからできた、ということではない。早瀬の行動は、社会の常識からすれば当たり前のことなのだ。

一羽一羽の健康状態を、しっかりチェック。
『緑の農園』従業員たちは、
毎日ニワトリに愛情をそそぐ。

第3章

「味」と「見た目」を徹底追求

1　日本人向きにニワトリを品種改良

ニワトリの品種を大きく分けると、古く固定された品種である純血種と、会社名がついた実用鶏（多くは雑種）とがある。後者が養鶏場で飼われると、コマーシャル鶏と呼ばれることになる。

ニワトリの品種改良の方法のひとつに、遠縁の両親をかけあわせて作る雑種がある。この雑種第一代目（F1）は、組み合わせによっては両親より優秀な形質を現す。いわゆる「雑種強勢」という現象だ。白色レグホーンのメスに、プリマスロックやロードアイランドレッドのオスをかけあわせたF1（それぞれロックホーン、ロードホーンと言う）は、昭和三〇年代までコマーシャル鶏として養鶏場の主役をつとめた。

純血種には、比内鶏、名古屋種、ロードアイランドレッド、プリマスロック、サセックス、白色レグホーンなど、数え切れないほどの品種がある。これらの品種で能力の高いものは、Ｆ１時代以前に実用鶏として飼育されていた。

Ｆ１時代の後、すなわち現在の養鶏場で飼われて卵を産んでいるのは、Ｆ１どころではない雑種である。何代か前から計画的にかけあわされ、それぞれの代のニワトリから特定の形質を注入されているのだ。だからそのようなニワトリは品種とは呼ばれず、「銘柄」と言われる商品名で呼ばれている。

ニワトリには茶色の卵を産む赤玉鶏と、白い卵を産む白玉鶏がいる。赤玉鶏の「銘柄」には、ボリスブラウン、ゴトウもみじ、イサブラウンなどがある。

『緑の農園』ではボリスブラウンを採用している。アメリカのハイライン社で育種された赤玉鶏だ。日本での発売元は、早瀬がサラリーマン時代に在籍していた会社である。

一方で、自然養鶏家の中には、純血種の採用を勧めている人もいるし、ヒナを自給すべきだとする声もある。

たしかに、国産の純血種のニワトリのほうが、何となく消費者イメージはいい。

純血種でなくても、日本で交配された『ゴトウもみじ』のほうが、愛国心をくすぐられるというものだ。
しかし、主として欧米で育種された種鶏は、ひと時代前の国産鶏と比べると、産卵性、強健性（生存性）、飼料効率、経済性など、あらゆる面で桁違いの性能を誇っている。たとえば、名古屋種の年間産卵個数は一五〇～一八〇個。一方、ボリスブラウンは三〇〇個以上なのだ。

産卵性能以外にも、改良が加えられている点は数限りがない。
特定の疾病にかかりにくい。
卵殻も丈夫になっている。
卵殻色も濃い褐色で均一だ。
黄身も改良されている。

卵のサイズにしても、理想を追求している。ニワトリは、一般的に産みはじめた当初の卵はピンポン玉のように小さく、年をとるにつれて大きくなっていく。はじめの頃の卵は小さすぎて、また、終わりのほうの卵は大きすぎて不都合である。商品として、いい値がつかないのだ。だから、産卵開始の初期から大きな卵を産み、その後は大きくなるのを極力抑える、という改良までしてある。

性成熟の期間の短縮も、特筆に値する。

三〇年前、ハイライン社の技術者が、「性成熟の期間を、一年に一日ずつ短くする」と宣言した。サラリーマンとしてその場に居合わせた早瀬は、「そんなバカなことができるはずがない」と思ったという。三〇年後、性成熟の期間は一カ月短縮されていた。

卵を生産、販売する養鶏家にとって、この差は大きい。養鶏家は卵を産む前のニワトリに「無駄飯」を食わせる期間を、一カ月も短縮できることになったのだ。

中でもボリスブラウンは、さらに日本人の要望を取り入れて改良された、日本向けといってよいほどのニワトリだ。

日本人は卵を生で食べる習慣があるからか、品質にうるさい。欧米人から見ると、細かいところにこだわると言ってもよい。

卵の中には、血や肉様の塊（ミート・スポットと言うが、実は殻の色素が白身に混入したもの）が入っていることがある。日本人は、これらの異物を、必ず取り除いてから食べる。そこで、そのような因子を、意識して除去してくれている。さらには、欧米人があまり気にしていない白身の質も、固く盛り上がったものにしてくれている。

このような形質は、日本人を喜ばせるのだ。だから、ここまでしてくれたのか、というほど改良してある。何から何まで、いたれりつくせりなのだ。

早瀬がボリスブラウンを選んだ理由も、ここにある。結果、現在のところ、ボリスブラウンの日本における市場占有率は最も高い。

早瀬は、養鶏をはじめたばかりの頃、ゴールデンネック（註）という卵肉兼用種を採用したことがある。一九六〇年頃に日本で交配されたニワトリである。

このヒナを二〇〇羽、購入。

そうしたら、その半数以上が次々と死んでいった。マレック病という神経にできるガンが原因であった。

ヒナを販売する種鶏業者は、ヒナにマレック病予防のワクチンを必ず打っているのだが、そのワクチンがまったく効いていなかったのだ。ワクチンが悪かったのか、接種方法に問題があったのか、それともニワトリが悪かったのか、今となってはわからない。

「生存率の高い近代鶏種のすばらしさは知っていた。だけど、平飼いするならと、あえて、ロマンを求めてしまった。それが失敗だった」

しかも生き残ったゴールデンネックは、なかなか卵を産まない。普通よりも二カ月は遅かった。産みはじめたと思ったら、卵はまるでピンポン球。

これでは、卵で食べていけない。

そうして、遅まきながら、勝手知ったるボリスブラウンを採用することになった。

ロマンだけでは食っていけない。**信念とロマンは違う**のだ。

ちなみに、早瀬はペットとして『小国《ショウコク》』『東天紅《トウテンコウ》』という日本鶏を飼っている。その卵も食べたことがあるのだが、「そうおいしくはなかった」という。まったく改良されていないからだ。

ペットと家畜は違う。そこを混同すると、ニワトリにとっても、自分自身の経営にとっても不幸せな結果が訪れる。

（註）ロードアイランドレッドと横斑プリマスロックを交雑してできた種。メスは全身黒羽色で頸部だけ金茶色羽装のためゴールデンネックと呼ばれた。

2　卵の品質はエサが決め手

なかなか卵を産まない、産んでもピンポン球、というのは品質以前の問題だ。「売る」というスタートラインにも立てていない。

その上で、だ。

「卵の品質はニワトリの品種で決まるわけではない」

早瀬の信念は、ニワトリに最高の住環境を提供し、最高の品質の卵を生産することだ。そうして『つまんでご卵』を実現した。加えて、近代鶏種であるボリスブラウンを使うことで、高い産卵性も実現した。

ニワトリの住環境で、卵のクオリティの七割から八割が決まる。

次に大事なのがエサである。

養鶏場を開いた一年目は、早瀬も市販の配合飼料を利用した。

当時、配合飼料は成分規格しか表示されていなかった。成鶏用の配合飼料の成分規格は、粗たんぱく質一七・〇%以上、粗脂肪三・〇%以上、粗繊維五・〇%以上、粗灰分一三・〇%以上、カルシウム二・八%以上、リン〇・五%以上、代謝エネルギー二八〇〇キロカロリー毎キログラム以上という具合だ。

しかし、その中に何が入っているかわからない。

粗たんぱく質を上げるために、鳥の羽や豚の毛が使われていることもある。メーカーは、できるだけ値段を安くして、数字あわせをしようとするから、そのように、まったく吸収されないものまで飼料に使われていることがある。

粗たんぱく質の測定は、直接たんぱく質そのものを測るのではなく、材料に含まれる窒素の量を測定して、たんぱく質の量を推定する。だから、消化されない豚の毛でも、たんぱく質としてカウントされてしまう。

この方法による弊害の例が、中国で大問題になった「メラミン入り粉ミルク」事件だ。メラミンは尿素から作られる。だから窒素の量が極めて多く、これが入った粉ミルクの原料の牛乳は、見かけのたんぱく質量が増え、検査に合格するという図式になっていたので

●独自のエサのために購入した攪拌機《かくはんき》

ニワトリにとっても食事は楽しみ！
ニワトリの健康を考えて、独自に配合する。

ある。こうして、毒性の強いメラミンを食べさせられた中国の赤ちゃんが大勢、腎臓結石で死亡した事件は、まだ私たちの記憶に新しい。

本当にいい卵を作りたいときに、何が入っているかわからない飼料は使えない。

早瀬は、二年目に、エサを混ぜるための攪拌《かくはん》機《き》を購入し、独自で飼料の配合をはじめた。自分で配合をすれば、いい素材を使える。さらに、自家配合しても、飼料代は高くならなかった。市販の配合飼料が安いわけではないのだ。

そして、エサは産卵成績に大きく影響する。

早瀬が採用しているボリスブラウンなどの近代鶏種は、年間に三〇〇個も産卵するように改良されている。

このようなニワトリに対し、伝統的なエサで対応することは無謀である。『緑の農園』では、昔のニワトリのエサの定番である、米ぬかやふすまは使わない。カロリーが低すぎて、使えないのだ。

カロリー、たんぱく質、ミネラル、ビタミンなどの必要とされる成分を、ニワトリが要求するだけきちんと与えないと、ニワトリは自分の体の成分を使ってまで、卵を産んでしまう。その後は体を壊し、産卵数はガタ落ちすることになる。

『緑の農園』では、トウモロコシと大豆かすを主体に配合しているが、それでもカロリーが不足する。そこで、油脂を混ぜている。

飼料に添加する油脂は、学校の給食室や豆腐工場から無料で分けてもらっている。学校給食の揚げ油は添加物を使用しないし、一回きりしか使わないため、品質は非常によい。

カロリーだけではなく「たんぱく質」「各種ビタミン」についても、きちんとした計算を行って配合している。

ミネラルは自然のものを使用している。海底に蓄積されてできた岩石を、粉末にしたものだ。各種のミネラルを含んでおり、しかも自然の産物だ。早瀬は将来、ビタミンなどについても、このような自然のものが利用できないかも考えている。

ヨモギ粉なども独自に配合している。そのほかにも、自然農業に使用するような資材を、何種類か投入している。

また、エサの配合は、夏用・冬用の二種類に分けている。夏と冬では、食べる量が一・六倍も違うからだ。暑い夏は食事量が落ち、寒い冬は冷気に奪われた体温を補給するため多量に食べる。

こうした工夫の結果が、『緑の農園』の採卵成績を、ケージ飼いのニワトリに負けないほどにまで高めている。

早瀬は言う。

「**食事はニワトリにとっても楽しみ**なんですよ」

単に、産卵成績を追求するだけではない。ニワトリにとって、品質のいいエサを、必要な量だけ、ちゃんと提供する。

これも早瀬のニワトリに対する愛情の表れなのだ。

ちなみに、この配合作業、エサやりの作業が、慢性腎炎を患う早瀬にはしんどい。現在いる七〇〇〇羽のニワトリが一日に食べる飼料は、一トン弱にもなる。

これを二日に一度混ぜるのだ。しかし、ひとつひとつ自分の手で確認しながら混ぜることが、大事なのだという。

3　おいしく見える色を作り出す

『つまんでご卵』のエサには、ひとつのヒミツがある。

飼料にパプリカ粉末と、パプリカ抽出物質を加えている。オレンジ色の黄身を実現するためだ。

それに対して、「卵の黄身、そもそもの色はうすいレモン色だ」「ニワトリにとって、必要のないものを添加している」と指摘する人もいる。

早瀬の考えはこうだ。

「人間は濃い色の食べ物を本能的に選択する」

それは、人が狩猟や採取の生活を送っていた頃、よく熟れた濃い色の果実が、おいしく、安全であることを知ってから身についた無意識の選択機能なのだろう。もしかすると、人になる前の猿の時代から、この選択は積み重ねられていたのかもしれない。

要するに「濃い色の黄身はおいしそうに見える」。人の本能的なものがそうさせるのである。明太子やウインナー、かまぼこ、福神漬け、赤く着色した食品が多いのはそんな理由からだろう。

ただし、『つまんでご卵』は、化学的、人工的な色素を配合しているわけではない。あくまでも信念は「安全・安心」である。その上で、おいしく見える色を作り出そうとしているのである。

うすいレモン色の黄身の卵を否定するわけではない。みずからの信念と情報を開示した上で、消費者が何を選択するかである。

その上で早瀬は、「本能的な欲求には勝てない」と考えたのだ。

『つまんでご卵』の商品力は、こうした工夫の上に成立しているのである。

ところで、卵の殻の色はどうだろう。

以前まで、卵は白い殻が多かったが、最近では赤い殻の卵も増えている。

ほとんどの消費者が「赤い殻の卵のほうが高級に見える」「赤い殻の卵のほうがおいし

そうに見える」と答える。それは単なるニワトリの品種の問題で、味や品質にはまったく関係ない。むしろ、それ以外の要素のほうが、味や品質に関係する。そのことを伝えると、「え！ そうなんですか!?」と驚くほどだ。

殻の色と卵の品質に対するイメージが、作り上げられたものなのか、本能的なものなのかはわからない。

しかし、消費者が、そうしたイメージを持っているのに、殻の色は卵の質に関係ないからと、白い殻の卵を作り続けたところで、売れないし、高い値段はつかない。

だからこそ、実際に、赤い殻の卵が増えているのだ。

早瀬は、試験的に、アローカナ（註）という品種のニワトリを飼い、それが産む、青い色の卵を店頭に並べたことがある。まったく売れなかった。

食べない殻であってもそうなのだから、実際に食べる卵の黄身は、より重要なのである。

そこで、パプリカ粉末の配合をどうとらえるか、である。

（註）アローカナ（Araucana）は、南アメリカのチリ原産のニワトリの品種。殻の色が薄い水色をした卵を産む。チリのアラウカノ族（Araucanos）が飼育していた種であるコロンカとクエトロを交配選抜して得られた品種であるため、アローカナ（Araucana）と名付けられた。特徴的な大きい耳羽《じう》を持つ。

4 オレンジ色に輝く黄身の秘密

ニワトリは、みずから黄身の色素を作れないため、黄身の色はすべて飼料の色素に依存している。だから、トウモロコシ主体のエサを食べたニワトリは、トウモロコシ由来の黄色い黄身の卵を産む。

それに加えて、前述のようにパプリカを食べさせることにより、黄色に赤が足され、あわさって輝くオレンジ色になるというわけだ。

早瀬がオレンジ色の黄身にこだわる理由は、前述の本能説だけではない。

早瀬個人の思い入れも大きい。

早瀬が、小学校高学年の頃だった。

東京渋谷の区役所に勤めていた父が、「千葉から売りにきた」と言って、シャモの卵と称するものを買ってきた。

当時は、普通の卵が一個一二〜一三円だった。そのシャモの卵は、八〇円か一〇〇円もしたのだ。

それに対して母が怒り出した。全体的に貧しかった当時の日本であるが、早瀬の家はさらに貧しかったという。母が怒るのも当然。

母を怒らせてまでも父が買った卵は、どんな卵なのか。父母のケンカに戸惑いながらも、早瀬の興味はその卵に向けられた。

器に割り入れられたその卵は、燦然とオレンジ色に輝いていた。

今まで、そんな卵は見たこともなかった。その色が強烈な印象となって早瀬に刷り込まれたのだ。

それ以来、早瀬にとってのよい卵とは、オレンジ色に輝く黄身なくしては考えられないものになってしまった。

ところで、なぜ、そのシャモの卵はオレンジ色だったのだろう?

当時は、パプリカなど食べさせていないはずだし、卵の色のために飼料を工夫するという発想もないはずだ。

その答えは、『食品を見分ける』(岩波新書)の著者、磯部晶策氏によってもたらされた。

彼は、早瀬のこの話を聞いて言った。

「その卵は、千葉の海岸沿いの卵だ!」

海産物が手に入りやすいそのような土地の養鶏家は、漁の副産物であるエビなどの甲殻類を飼料に使うことが多かった。そういった飼料を食べたニワトリは、甲殻類に含まれるアスタキサンチンという赤色色素を取り込み、黄身に移行させるのである。

なお、エビ・カニ・昆虫などをゆでると殻が赤くなるのは、加熱により他の色素が色を失うため、アスタキサンチンが見えてくるかららしい。

千葉県の海岸部の卵は赤かったのだ。

早瀬が、オレンジ色の黄身にこだわるのには、こんな個人的な理由もある。

だから譲れないのだ。

5　品質を保証する

スーパーで売っている卵は、ほぼ間違いなく無精卵である。

一時期、有精卵ブームがあった。

今でも有精卵信仰はある。

消費者は、「卵はヒナをかえすために産んだものだから有精卵が当たり前。卵を産むには交配が必要だ。交配しないで卵ができるなんて不自然だ。無精卵は人工的に作られたものではないか」と思ってしまう。

また、「有精卵はヒナになる力を持っているから、無精卵に比べて栄養的に優れている」とも思ってしまう。

実際に、有精卵を販売している農家やメーカーも、「アオダイショウが無精卵には見向きもしないで、有精卵だけを食べる」「有精卵には、命をつなぐエネルギーが詰まっている」とPRしている。

胸を張って言おう。『つまんでご卵』は無精卵である。

まず、栄養成分分析では、有精卵と無精卵との間に差はない。これは科学的に実証されている。

年間に三〇〇個も卵を産み続けるのは品種改良の結果であるが、これは、ヒトの女性が毎月排卵するのと同じことだという。

そして、早瀬は「無精卵のほうが、有精卵よりも品質がいい」と言い切る。

受精後、産卵までに、卵は二五時間もかけて輸卵管を通過するので、その間に胚の卵胞分割がはじまる。

受精卵（有精卵）は、孵卵器に入れると、胚が発育して二四時間前後で血液環を生じ、次に血管が網目状に現れてくる。二一日間、三七・二～三七・六度の温度を保つとヒナになる。

有精卵は、二〇度前後では、ヒナにかえることは難しいが、胚は発育する。それゆえ、卵の傷みは無精卵より早い。夏期の高温時には、購入後すぐに冷蔵庫で保存することが必要となる。

有精卵だと、胚の卵胞分割がはじまっているので、品質が保証できないのだ。

『にぎやかな春』を訪れる消費者から、「有精卵はないんですか?」との問い合わせもある。

そんなときは上述のような説明をする。

ほとんどの消費者は納得するが、ごくまれに「やっぱり有精卵が欲しい」と言って帰る人もいる。

それでいい。

正確な情報を提供した上で、選択するのは消費者なのだ。

6 病気にかかりにくいニワトリの秘密

『緑の農園』では、予防薬、治療薬、消毒薬など**一切の薬剤をニワトリに使用しない。**養鶏場開設直後などには、何回か使用したこともあったが、現在では使わない管理体系が確立された。使用した当時、かわいいニワトリが死ぬことは、たとえ少羽数でも耐えられなかったのだ。もっとも、使ったのは産卵前であったが。少なくとも、薬剤が卵に移行するような使い方をしたことは、一度もない。

ただ、ワクチンは使う。

そもそも、平飼いの自然養鶏と言えど、ニワトリは「難民キャンプ」に押し込められているようなものだから、「ワクチンを使わなければ、その伝染病がかなり高い確率で侵入する」と考えたほうがいい。

日本全国には、産卵鶏だけで一億三〇〇〇万羽もいる。伝染病に感染しないなんて考えられない。人間だって、生まれて死ぬまでに、何度風邪をひき、何度インフルエンザにかかることか。

ニワトリも伝染病にかかるのだ。

それに対応するには「予防」と「治療」がある。

予防がワクチンである。ワクチンのしくみとは、弱い病原体もしくは不活化させた（殺した）病原体を注入することで体内に抗体を作り、以後感染症にかかりにくくする。つまり、病原菌を排除するのではなく、共生するのである。

人間にたとえるならば、インフルエンザにかかった後に、二次感染の予防として抗生物質を飲むか、インフルエンザ予防のためにワクチンを接種するかである。

ニワトリは、牛や豚など他の家畜に比べて、ワクチンが発達している。そのワクチンを接種しておけば、その伝染病から免れる可能性は高い。

今や、先進国の養鶏産業は、ワクチンなくしては成立し得ない。

早瀬は、その土地に対応した理想のワクチネーションを施したヒナを、若雌育成業者から購入している。

「自家育成をすれば、育成の経費が安くあがるのはわかっている。でも、理想のワクチンを施す自信がない。だから、専門の業者にヒナの育成を依頼している」

平飼いで養鶏している農家の中には、ワクチンに否定的な農家もいる。たしかに、薬剤も、ワクチンもまったく使わないのは、理想なのかもしれない。

ワクチンを接種しないため、感染、発病する呼吸器病は、採卵成績をひどく下げる。卵殻異常を引き起こし、卵の商品価値をも引き下げる。養鶏家は、二重のダメージを受けることになる。

「安いヒナを買って、うまくワクチンの接種もできずに、低い生産性で最後まで推移するのがよいのか。ワクチンを施した一〇〇日齢まで育った若雌を七〇〇〜八〇〇円出して購入するほうがよいのか。考えるまでもない。経済的にもそう。ニワトリの幸せを考えてもそう」

換言すれば、ワクチンさえきちんと接種すれば、『緑の農園』の飼い方であれば、病気はほとんど発生しないということだ。

そこで、ワクチンの摂種をどう考えるか、なのである。

なお、主要な伝染病はワクチンで防御できるものが多いが、ワクチンのない病気もやはり存在する。平飼い養鶏の場合、特に地面を介して発生する病気が問題になる。回虫症やコクシジウム症など、広い意味での内部寄生虫病がそれだ。

これらの病気は、ニワトリの腸管でできる免疫によって、たいした被害もなく推移することになるが、感染時に急性的に症状を出し、害を及ぼすことがある。それらの被害を防ぐには、産卵期前の駆虫、床面の土の入替えなど、発生を防ぐ方法を開発しておかなければならない。

ときには病気になることもあるが、そのときでも薬で抑えようとしたりはしない。自然に回復するのを待つ。今ではそれができる。

ストレスのない環境で育ったニワトリは、それができるのだ。

7 ネスト（産卵箱）にお金をかける

鶏舎のnest（ネスト、巣）もポイントのひとつだ。ネストとは、ニワトリが卵を産む産卵箱のことである。

ニワトリは、狭くて暗いところで産卵する習性がある。大切な子どもを産むのだ。だだっ広いところでは、天敵に狙われやすくなる。その心理はわかる。トイレだって、隅のほうが落ち着く。

そこで大事なのがネストである。

ある養鶏家の言葉を借りれば、**「ネストで養鶏場の水準がわかる」**。

当初、早瀬は、産み溜め式のネストを手作りしていた。ベニヤ板で四角い箱を作り、その中にモミガラを敷き詰める。

◉市販の金属製ネスト

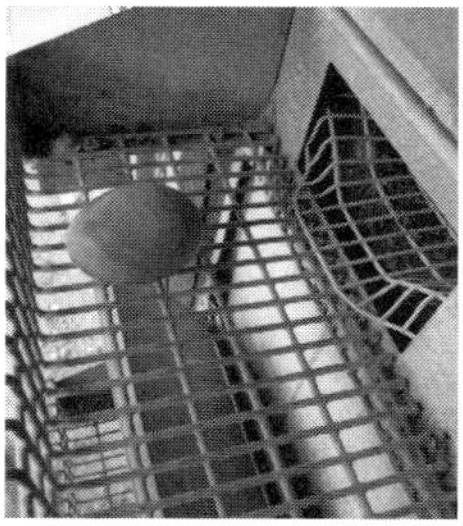

ニワトリが産卵すると、カバーつきの「集卵とい」に卵が転がり出てくる。

しかし、その環境がニワトリにとって快適すぎる。卵を産むときだけでなく、ネストにずっと居座ってしまうニワトリもいる。そうすると、そこで糞をしてしまい、卵に糞がついてしまう。

あまりに快適すぎて、他の鳥もネストに入ってくることもある。そうすると、せっかく産んだ卵を踏み割ってしまったり、押しつぶしてしまったりする。その割れた卵のせいで、他の卵まで汚れてしまう。

そうすると、卵を売る際、卵の汚れを落とすために、卵を洗わなければならなくなる。

卵は生まれてくるとき、輸卵管から分泌された粘液で表面が濡れている。産卵後、表面はみるみる乾いて「クチクラ層」と呼ばれる薄い膜となる。このクチクラ層が、卵に菌が侵入するときの最初の防壁になる。

しかし、卵を洗ってしまうとこの層は簡単にはがれてしまい、卵は最前線のバリアーを失ってしまうことになる。

市販の卵は、ほぼ一〇〇％、洗卵されている。

早瀬は、手作りの産み溜め式のネストをやめ、市販の金属製のネストを採用した。ポイントは、ネストの床がスラット（すのこ）になっていること、そして、卵が自動的に転がり出てくる「集卵とい」に、カバーがついていること。

スラットのおかげで、卵が糞で汚れることはなくなる。スラットはネストを利用するニワトリの足でピカピカに磨かれているからだ。

また、カバーのおかげで、ホコリも付着しない。菌やウイルスは、それ自体で空気中に漂っているわけではなく、ホコリについている。そのホコリが卵に付着しないから、菌もウイルスも付着しないわけだ。

このネストのおかげで集卵作業がとても楽になり、卵を洗う必要がなくなった。このネストで産まれる卵は、本当にキレイなのだ。汚れてもいないし、ホコリも付着していない。洗っていないので、クチクラ層がきちんと残っている。菌が侵入できない。
そんなにすばらしいネストだが、自然養鶏で設置している人はほとんどいないという。そもそも知らない。自分で作ることができるから、お金を出して買おうなんて思いもしない。

『緑の農園』を訪れて、実際にネストを見た人は欲しがる。でも、値段を聞いてやめる。一台（一間幅で一〇穴）二万八五〇〇円もするのだ。運搬、組み立て費用を含めると三万円を超す。鶏舎一棟分、二棟分とネストを設置すれば、一〇〇万円を超す。
自分でベニヤ板で手作りすれば一台二〇〇〇円くらいでできる。とすれば、やはり買う気にはならない。しかし、そうすると、卵に糞やホコリや菌が付着するのだ。卵を洗わなければならなくなる。労力も時間もかかる。それがずっと続く。洗卵機を買わなければならなくなるかもしれない。そうすると、洗剤を使うことになり、それが卵に滲みこむおそれも出てくる。

何に金をかけるかである。

何を高いと考えるかである。

8　規格外卵が三〇円で売れる理由

「『つまんでご卵』を生産するのに労力はかからない」と早瀬は言う。

毎日の仕事は、エサやりと集卵。観察と記録。そして年に一回、ニワトリを更新するときに、鶏糞を掻き出す。その半年後、床の発酵、分解を促すために耕耘する。

実は、畜産業の大きな課題のひとつは、家畜糞尿の処理にある。

大規模な養鶏場では、一日に発生する糞尿の量も膨大である。採卵鶏の一日の糞尿量を一〇〇グラムとすると、一〇万羽の養鶏場では毎日一〇トンの糞尿が発生することになる。

その処理に膨大な労力がかかる。仕事の半分以上は糞尿処理というケースもある。

コストもかかる。

「家畜排せつ物の管理の適正化及び利用の促進に関する法律」ができて、そこらへんに野積みというわけにはいかない。適正な処理施設が必要で、適正に処理しなければならないのだ。

『緑の農園』ではどうか。

糞が溜まらないのだ。好気性土壌菌がどんどんと鶏糞を分解していく。だから毎日の糞の処理が必要ないのだ。

そのおかげで糞尿処理にかかる労力もコストも必要ない。とっても楽なのだ。

ただし、労力のかけ方、コストのかけ方が違う。

最新式のウインドーレスの鶏舎であれば、ひとりで一〇万羽のニワトリを集卵できる。卵がベルトコンベヤーで運ばれてくるからだ。

『緑の農園』では、ひとりで一二〇〇羽分の卵を集めてまわる。

それだけ人件費がかかるし、経済的には非効率的だ。

ニワトリは必ずネストの中で卵を産むわけではない。一〇％前後は、ネスト以外、つまり地面で産んでいる。それを集卵してまわる。

その卵は鶏糞やホコリで汚れているから、必ず洗卵しなければならない。『緑の農園』では、流水でひとつひとつ手洗いで洗う。

やっぱり、非効率的。

しかも、その卵を普通に商品にできるわけではない。『つまんでご卵』は無洗卵だから、洗ってしまった卵は商品にならないのだ。

どうするか。

加工用として、パン屋やケーキ屋などに「規格外卵」として販売している。その値段は、一個二五〜三〇円。だから、手洗いしても見合うのだ。

こうして『緑の農園』では、九九％以上の卵が販売される。

一般的な養鶏場では三％がロスになる。そう考えると、ロス率も非常に少ない。しかも、「規格外卵」で、一個二五〜三〇円である。

早瀬は笑う。

「**規格外卵が三〇円で売れる**なんて、普通の養鶏場は飛び上がるだろう」

第4章

幸せなニワトリは「安全」な卵を産む

1　一個五〇円の『つまんでご卵』が売れる理由

なぜ、『つまんでご卵』は、一個五〇円という価格にもかかわらず、売れるのか。

やはり、その卵のおいしさ、品質である。消費者はつまみたくて『つまんでご卵』を買い続けるわけではない。

『つまんでご卵』の特徴をまとめると次のとおりである。

①おいしい
②安全
③低コレステロール
④アレルギーが出にくい

◉直売所『にぎやかな春』で大人気の卵かけご飯

こだわりの醤油をかければ、何杯でもいける！

まず「おいしい」について。

「おいしい」を科学的に評価するのは難しい。おいしさを成分では表示できないからだ。逆に、同じ成分表示でも、味はまったく違うこともある。

ある卵マニアが、早瀬の農園にやってきた。彼は、全国の卵を味わっているのだという。卵かけご飯などにはせず、卵に小さな穴を開け、そこから卵を吸うという古典的な味わい方だ。

彼は吸い終わって言った。

「久しぶりにこんな卵を食べた。今の卵は、黄身の味がしない。黄身の香りがしない。だから一度しか楽しめないことが多い。ここの卵は、昔の黄身の味がした。白身を楽しめ、次に、黄身を楽しめた。**二度、楽しめる卵だ**」

普段、彼は一個しか吸わないという。しかし彼は、早瀬の前でもう一個の卵に穴を開け、もう一度、白身と黄身を楽しんだ。

黄身の味、香りが違うのだ。

最近、ＴＫＧがブームである。

ＴＫＧ、卵かけご飯。

『にぎやかな春』でも卵かけご飯を提供している。一杯二〇〇円。多い日で、一日一五〇杯出る。

老若男女、卵かけご飯は大好きなようだが、最近の若者は「楽しい〜」と歓声を上げながら食べている。その様子を見て、どんな卵なのかを、他の客がチラチラとのぞく。

『にぎやかな春』での恒例の光景だ。

さて、市場には、さまざまな種類の「卵かけご飯専用醤油」がある。

「これらは濃いだし入りの醤油で、『味の淡い』卵を食べるのに必要な『うま味』を補填する意味があるのだろう。しかし、『つまんでご卵』は、濃厚なうま味があるので、そのような醤油をかけると味がにごってしまい、とても食べられたものではない」

それほどうま味も違う。

ちなみに、『にぎやかな春』で提供している卵かけご飯の醤油は、『北伊しょうゆ』と『井上古式しょうゆ』。

いずれも、早瀬のこだわりの醤油である。

また、『つまんでご卵』には、**卵独特の臭さがまったくない。**生で食べる卵かけご飯がおいしいのは当然だとしても、焼き菓子やカステラなどを焼いた場合にも差が生まれる。それは卵臭さを消すための香料を使わなくてもすみ、この卵本来の甘く香ばしい香りが立ち上るからだ。

2 賞味期限は一カ月

『緑の農園』では、ニワトリに薬剤を一切使用していない。それゆえ、卵から薬剤の残留成分が検出されることは、絶対にない。

また、これまで何回検査しても、サルモネラ菌が検出されたことはない。

サルモネラと呼ばれる細菌は、鳥類をはじめとする多くの動物など、自然界に広く分布している。サルモネラの一種であるサルモネラ・エンテリティディスに、幼児や老人、病人など抵抗力の低い人が感染すると、死亡を含めた重篤な食中毒の原因となる可能性がある。

卵のうち〇・〇三％からサルモネラ・エンテリティディスが検出されたという報告がある。ちなみに、日本で一日に消費される卵は一億個以上である。

平飼いによって生産される卵は、もともとサルモネラ菌に極めて汚染しにくい特性がある。

『緑の農園』では、念には念を入れ、バイオ製薬のサルモネラワクチンを接種している。このワクチンは、使い続けるうちに汚染農場を清浄化するほどの効果がある。しかし価格も高く、ことに発売当初は、一羽分四〇円もした。これは、当時の普通の経営をしている養鶏家には、おいそれと使える金額ではなかった。

早瀬の信念は、**「安全な食べ物」**である。絶対に汚染卵を出したくない。だから、サルモネラワクチンの導入をためらわなかった。

サルモネラワクチンを開発したアメリカの博士に、「平飼いで生産される卵がサルモネラ菌に汚染されにくい理由」について尋ねたところ、その理由はこうだった。

「ストレスがないせいだろう。ニワトリにストレスをかけると、てきめんにサルモネラ菌の汚染が進む」

では、なぜ、ニワトリにストレスをかけると、サルモネラ菌の汚染が進むのか。

その理由は推測することしかできないが、おそらくストレスがニワトリの免疫機能を低下させるためだろう。

さらに、『つまんでご卵』からは、サルモネラ菌だけでなく、カンピロバクター菌でさえ検出されたことはない。少量の一般細菌が検出されることはあるが、まったくの無菌卵も多い。

また内部の菌にしても、二五度で四〇日間培養しても、増殖することはなかった。これが「生食賞味期限一カ月」の根拠になっている。

無菌卵なのである。

◉『つまんでご卵』成分表

	つまんでご卵	一般
水分	76.6g	74.7g
たんぱく質	12.7g	12.3g
脂質	8.9g	11.2g
糖質	1.0g	0.9g
エネルギー	142kcal	162kcal
コレステロール	368mg	420mg

＊数字はすべて可食部100g中
＊『つまんでご卵』の成分は（財）日本食品分析センターによる
＊一般卵は五訂日本食品標準成分表による

3　低コレステロール、低カロリー

栄養成分表を参照してほしい。

『つまんでご卵』は、濃厚な味わいにもかかわらず、**コレステロールは一二％も低い。**カロリーも一二％少ない。

ここでの一般とは、スーパーなどで市販されている卵、つまり、ケージ飼いの卵である。

4 アレルギーが出にくい理由

卵は、良質なたんぱく質を持った食品である。特に人間の体内で合成することができない八種類の必須アミノ酸をバランスよく含んでいる。卵黄はビタミンAや鉄、カルシウムなどのミネラルも豊富。卵は「完全栄養食品」とも言われる。

だから早瀬も、卵を是非食べてほしいと思っている。

しかし、アレルギーが理由で、食べることのできない人がいる。子どももいる。卵が食べられないというのは、栄養摂取の面でかなりのハンデなのだ。

早瀬は、**卵アレルギーの人が食べられる卵を作りたい**と願っている。

これまで、多くの卵アレルギーの人に『つまんでご卵』を食べてもらった。そのうちアレルギーが出たのはたったふたり。それも軽い発疹が出ただけ。それでも、あまり幼い子には、やはり出やすいようだから、注意が必要だが。

卵アレルギーの原因は白身がほとんどである。卵の白身はたんぱく質が主で、その中には熱に強いオボムコイドが含まれていて、火を通して食べても、アレルギーが出る可能性が高い。

では、『つまんでご卵』にオボムコイドがなかったり、少なかったりするかと言えば、おそらくそんなことはない。

早瀬が考えるその理由はふたつ。ひとつは、卵の残留薬物がアレルギーの原因物質、アレルゲンになっている場合が多いらしいが、『つまんでご卵』を作るエサに薬剤は一切使っていない。

原因のもうひとつ。

動物はストレスがかかると、さまざまな物質を出して対応しようとする。たとえば、コルチコステロンといった副腎皮質ホルモンなど。そんな多種多様な対ストレス物質の何かが、アレルゲンとなっているのではないか。

後者は、早瀬の推測にすぎない。

科学的な証明は非常に難しい。けれど、そうでなければ説明がつかない。

いずれにせよ、『つまんでご卵』はアレルギーが出にくい。

子どもの卵アレルギーに苦しんでいる母親は、『つまんでご卵』に出会って、泣いて喜ぶのだという。


「やっと食べられる卵が見つかった!」

5　黄身がつまめる卵は安全！

黄身がつまめる。

これは、デモンストレーションのためにはじめたことであるが、一九九八年になって、突然、黄身がつまめることに意味が出てきた。

この年、卵によるサルモネラ中毒の増加に危機感を持った厚生省が、中毒予防のための、養鶏家および鶏卵業者向けのマニュアルを発表した。

「鶏卵の日付等表示マニュアル」である。

生産者や鶏卵業者は、これを参考にして、卵の容器にいつまで生で食べられるかを表示しなければならなくなった。

そのマニュアルの中に、「鶏卵を生食できる期限の算出根拠」という項があり、次のように記述されている。

卵黄膜は保存温度及び保存期間と一定の関係で弱化し、一定レベルまで弱化が進むと卵黄成分（鉄、脂質等）が卵白への移動等を起こします。すると、サルモネラ菌がある場合、急激な増殖を起こすことになります。

さらに、「卵黄膜が弱化しサルモネラ菌が急激に増殖し始める期間は、保存温度と一定の関係があり」とした上で、次のような説明をしている。

産卵時のサルモネラ菌は仮にあっても数個程度、その後の一日で十数個程度に増殖するがそこで増殖は止まる。さらに一定期間を経ると、卵黄膜の弱化により急激に増殖する。

卵黄膜、つまり黄身がつまめるほど強いうちは、仮に卵の中にサルモネラ菌があっても、菌は食中毒を起こすほど増殖することはない、と政府が保証したようなものなのだ。これはサルモネラ菌があった場合の話で、『つまんでご卵』から検出されたことはない。

第5章

「金の卵」の誕生秘話

1　三つの成功条件

自然養鶏は、一時、ブームになった。しかし、それが長続きしなかったのは、それなりの理由がある。

手間をかける。産卵成績もいい。品質のいい卵ができる。それに見合う価格で買ってくれる。そうであれば、再生産が可能だ。

値段の割に品質がよくない、買ってもらえない、産卵成績が低いなど、どこかひとつ歯車が崩れれば、再生産は危うい。

ニワトリという生物を集団で飼育する養鶏は、そのための「総合的技術」が要求される産業である。すなわち生理、病理、栄養の知識が欠かせない。それだけでなく、ニワトリの社会行動に関する知見も必要である。

それに見合う価格で売ろうと思えば、マーケティングのセンスも必要だ。

それらを何らかの段階で、何らかの形で学ばなければならない。

経験や直感も大事であるが、それだけではうまくいくはずがない。

早瀬は、みずからが養鶏家として成功した理由を、**①ニワトリが大好きであること**、**②大学で生物としてのニワトリを学べたこと**、**③サラリーマンとして養鶏産業を学べたこと**、と説明する。

2 ペットとしてのニワトリ、家畜としてのニワトリ

早瀬がニワトリ好きな理由。それは幼少期の体験にある。

早瀬の二番目に古い記憶がニワトリなのだ。

ちなみに一番古い記憶は、おばあちゃんの背中。三歳くらいのとき、おばあちゃんに背負われ、子守歌を聴き、目の前で風車が回っていたのだという。

次がニワトリ。四歳のときの記憶である。

早瀬は一九四七年、岐阜県の田舎に生まれた。

当時は、農村の家ならどこにでもニワトリがいて、卵は貴重品であり、ごちそうであった。

早瀬少年の家にもニワトリがいて、中庭を五、六羽が走り回っていた。横斑プリマスロック。マサチューセッツ州原産の白黒の縞の羽色が美しい卵肉兼用種である。羽色が、ボストン郊外のプリマスの港の岩に当たって砕ける白波を連想させることから、ネーミングされたという。

プリマスロックは、体重が四キログラム以上にもなる大型のニワトリなのだが、それでも現在のプリマスロックは、効率よく卵を産ませるため、体が小さくなっている。当時のプリマスロックは、本当に大きかった。当時の早瀬少年と、目線が同じ高さだったという。

そのプリマスロックが早瀬少年に体当たりしてくる。

顔を足で蹴られたこともある。普通なら、ニワトリに対する恐怖心が芽生える。しかし、それで終わらなかったのは、母親への愛があったからだと振り返る。

プリマスロックが、中庭に卵を産む。その卵を、早瀬とお母さんのふたりで探す。当時のプリマスロックは毎日卵を産むわけではなかったから、一週間に二、三度の楽しみであったわけだ。

しかも、毎回、別な場所に卵を産む。ある場所に卵を産んで、それをとられると、次は別の場所に卵を産む。もう二度と子どもをなくしたくないと思うのだろう。

庭でお母さんとふたりで卵探し。

ごちそうの卵探しは、まさに宝探しだ。

縁側の柱の裏から卵が見つかる。草の陰から数個の卵が見つかる。その瞬間に、お母さんの顔がパッと明るくなる。

「子どもの頃ってお母さんと人格が同じになっていますからね」

卵を見つけたときの母の喜びを、早瀬少年は自分の喜びのように感じた。そんな経験が繰り返され、早瀬少年の心に、母の笑顔とニワトリと卵と喜びの記憶が深く刻まれていく。

一九五三年、早瀬少年が六歳のとき、東京都世田谷区用賀に転居。

その地は、ニワトリ好きの早瀬少年にとって楽園となった。

家から自転車で三〇分ほどのところに、国際家畜研究所という種鶏場があった。ここには、世界から集められたニワトリがいた。当時としては非常に珍しいブロイラーの原種（白色コーニッシュ）もいた。平飼いの養鶏設備も最新である。

子どもの無邪気さで出入りを許された早瀬少年は、小学校五年生の頃から足しげく国際家畜研究所に通う。ここの鶏舎には一棟ごとに担当係員がいて、一棟ごとに宿直室があった。

早瀬少年は係員のひとりと仲良くなり、何度も宿直室に泊まりに行くようになった。そして、係員と夜通しニワトリを眺め、ニワトリについて語る。「ニワトリは脳が小さいから、二時間くらいしか寝ない」など、夜のニワトリの生態について詳しくなったのは、そんな経験があるからだ。

それまでは、生き物としてのニワトリが好きだった。ペットとして飼っていた。

そのニワトリを家畜として意識しだしたのが小学校五年生の頃。

ある本に出会った。

それは中学生向けに書かれた畜産文化史のような本で、いろんな家畜、たとえば、ウシ、ウマ、ヒツジ、ロバ、ヤギ、ニワトリ、ガチョウなど、さまざまな品種が紹介されていた。小学生の抜群の記憶力で、書かれていた家畜の品種のほぼすべてを覚えた。

「大学卒業時点での畜産に関する知識の八割は、実はこの本で学んだ内容だった」というほど、早瀬少年の畜産の知識の土台を形成した。

中でも感銘を受けたのは、「あとがき」であった。

その著者は「この本を読んで、ひとりでも畜産の道に進んでくれたら嬉しい」という言葉で本を締めていた。

早瀬少年は、明確に「畜産」を意識するようになった。

そうして、小学校五年生のときの作文に**「大人になったら、アルゼンチンで養鶏家になりたい」**と書きつづった。

なぜアルゼンチンなのか、本人にもわからないそうだ。

3 ニワトリを徹底的に学ぶ

国際家畜研究所で、早瀬少年はこんな話を聞いた。

「東京農業大学には翼のないニワトリがいるらしい」

翼のないニワトリ？

早瀬少年の妄想はかき立てられた。

それから、早瀬少年は家の近くの東京農業大学にも忍び込むようになった。

当時、東京農業大学にあった遺伝育種学研究所には、バラ園があり、いろんな植物や動物がいた。ニワトリ小屋もあって、その中には、珍しいニワトリやホロホロ鳥もいた。農場のようなその空間は、早瀬少年にとって、まるで楽園のようであった。

大学の門には「関係者以外立ち入り禁止」と書かれていた。早瀬少年は「いいなぁ。大学関係者は。いつか自分も大学関係者になって自由に出入りしたいなぁ」と漠然と考えていた。

　そうして、早瀬少年は、高校を卒業し、東京農業大学へ進学することになった。晴れて関係者となれたのである。

　在学中は、遺伝育種学研究所（現在は、財団法人進化生物学研究所）に所属し、そこで、ついに出会う。

　翼のないニワトリ、ウィングレスである。


　このウィングレスは、一九五一年にライトサセックス種（註）の異系交雑の実験中に、たまたま突然変異個体として発見された。ウィングレスは、アメリカとイギリスでも発見されたという報告があったが、系統維持できなかった。「翼がない」という遺伝子が、致死遺伝子と連鎖していて、卵の中で死んでしまうのだ。

　しかし、遺伝育種学研究所のウィングレスは致死遺伝子がなく、ちゃんと親にまでなる。世界で唯一、ウィングレスが系統維持されているのだ。

早瀬は、そのウィングレスの遺伝学的研究に没頭し、**生物としてのニワトリを徹底的に学んだ。**

大学三年になると、卒業後の進路を考えなければならない。就職活動をはじめなければならない。

しかし、早瀬は就職する気がまったくなかった。青年海外協力隊として、開発途上国で養鶏の指導をしたいと考えていたのだ。

早瀬と同学年の東京農大生一六人が青年海外協力隊に応募した。

そのうち、ふたりが不合格となった。

ひとりが早瀬である。

身体検査で、尿からたんぱくが検出されたのだ。腎臓の機能に何らかの問題があるということだ。協力隊の派遣先である開発途上国は、自然環境や生活環境などが厳しく、また医療事情、衛生状態も悪い。二年間のボランティア活動を支障なく行えるかどうか、厳密に判断されるのだ。

早瀬は大きなショックを受けた。青年海外協力隊に参加できないこと。そして、自分の腎臓に問題があることに。

一九七〇年、早瀬は就職先が決まらないまま、東京農業大学を卒業。卒業式で配布された卒業生名簿を見て驚いた。名前や就職先が記された卒業生名簿に、早瀬の名前はなかったのだ。当時の農大は、就職率一〇〇％を誇っていた。こうして、その年も就職率一〇〇％が維持されたのだ。

早瀬は、卒業後も研究室に残ることにした。研究員として実験を行うのだが、給料が貰えるわけではない。研究を続けて、経験を積んで、ハクをつけたいという気持ちがあった。なにより、大好きなニワトリの研究が続けられる。

そんなとき、趣味で描いていた漫画が売れた。

なんと**早瀬は漫画家になった。**

（註）イギリス原産のニワトリの品種のひとつ。

4 日本中の養鶏場を飛び回る

漫画家生活が三年を過ぎた頃、大学時代の研究室の先輩から私立高校の生物の講師を頼まれた。

先輩の頼みだから断れない。また、非常勤講師だから、漫画を描く時間はあるだろうと、アルバイト感覚で引き受けることにした。

しかし、授業がはじまってみると予想よりコマ数が多く、なにより予習が大変だった。生徒と同じレベルの知識では教えられない。何倍もの知識がいる。その知識を得ようとすると、予習に丸一日かかることもある。

そうしているうちに、次第に、漫画を描く時間がなくなっていった。

普通であれば、「予習などは手を抜いて、漫画を描く時間を優先すればいい」という考えがすぐに頭に浮かぶが、早瀬はそれをしなかった。

引き受けた以上は一所懸命やらなければならない。

それに、高校での講師生活は楽しかった。

当時は、生物を受験科目として選択する生徒がほとんどいなかったので、受験用の詰め込み授業ではなく、自由な授業ができた。教科書に沿いながらも、身近な生物について、体験しながら学ぶ授業である。

たとえば、早瀬の家で生まれたニワトリの受精卵を学校に持ち込み、孵卵器に入れる。三日くらいすると、心臓の鼓動が見えはじめる。命のはじまりを生徒に見せる。

生徒たちは、そんな授業に大喜びした。早瀬の授業は、学校の人気投票で一番になったほどだった。

生物部の顧問もやった。同僚の先生と一緒に、生徒を連れて「生物」合宿にも行った。

また、高校のときに学んだ生物学の基礎をすべておさらいすることができた。大学を卒業した後に、高校の生物学を改めて学ぶ。教えられるのではなく、教えるために学ぶ。早瀬にとって、新しい学びが数多くあった。

とても楽しい毎日だった。

だから潔く、漫画家の筆を置いた。

将来のアテがあるわけではないが、妙な自信はあった。**何をやっても食っていけるはずだ。**

高校の講師生活を一年過ごした頃、大学の恩師から呼び出された。

大学の先生からすれば、定職に就かずに遊んでいるように見えたのだろう。

「そんなことをいつまで続けているつもりだ。養鶏業界から求人が来ている。おまえ、ニワトリ好きだろう。行ってみるか」と就職の斡旋をしてくれた。

早瀬は二六歳で就職することになった。

就職先は東洋システム株式会社。アメリカからハイラインという品種のニワトリを日本ではじめて輸入したニワトリの総合商社ゲン・コーポレーションのグループ企業である。ハイラインは系統間育種の方法をニワトリに応用した、当時、とんでもないニワトリだった。いわゆるハイブリッドである。

ハイラインは、産卵性、生存率、飼料効率、経済性、あらゆる面で桁違い。養鶏農家は、こぞってハイラインを導入し、日本を席巻した。日本の養鶏農家で飼われている国産のニワトリは、静岡のホシノと岐阜のゴトウ（註）の二種類だけ残して、駆逐されてしまったほどだ。現在まで残っているのは、ゴトウのみである。

早瀬はサラリーマンとして、日本中の養鶏場、孵卵場、さらには、飼料工場、洗卵施設まで回り、営業と技術指導を行った。

仕事は楽しかった。

全国を回る仕事。同僚は、出張先でうまいものやうまい酒を飲むのが楽しかったみたいだが、早瀬は、全国のいろいろな養鶏の現場を見ることが楽しかった。毎日が勉強と趣味みたいなものだった。

後に同グループのワクチン部門、バイオ製薬株式会社に移籍。この会社は、ニワトリ用の生ワクチンの認可を日本で最初に取得したことでも知られる。

これも早瀬の「抗生」より「共生」、「治療」より「予防」という養鶏哲学を形成する上で、貴重な経験となった。このスローガンは、会社のスローガンだった。

こうして、サラリーマン時代に、鶏産業の裏表を知りつくした。

（註） ゴトウ交配種「さくら」（品種名・ゴトウ３６０）。

5　健康には、健康な食べ物が欠かせない！

早瀬は、三五歳で結婚した。結婚後、東京でふたりの新生活がはじまった。

しかし、早瀬の幸せな時間は長くは続かない。

その年、早瀬の体に異変が起きた。常に体がだるい。

病院で慢性腎不全と診断された。早瀬の体質は、自分の体を自分の免疫機能が攻撃してしまう免疫疾患であった。

次第に悪化する病状。

犬の散歩ができないほどになった。歩いていると腹が痛くなる。そうなるとうずくまって、痛みがひくのを待つしかない。

外出していても痛みが襲ってくる。そんなときはただ横になって休むしかない。ＪＲの駅で横になったこともあった。

病状はさらに悪化。

通院して、一日約五時間の人工透析を受けなければならなくなった。それを週三日。当然、休職せざるを得ない。

悶々としながら横になる日々。

休職した頃、妻の三根子さんが長女を身ごもった。

嬉しいはずの我が子の誕生が、早瀬には辛かった。家族の暮らしをどうやって支えるのか。そして、頭に浮かんだのは、自分の遺伝子を持つ子どもが同じように腎臓を悪くするのではないか、という不安。

毎日が絶望の中だった。

早瀬は、健康な体になるための勉強をはじめた。

ある日の朝日新聞に、こんな記事を見つけた。

長崎で被爆した医学部教授が、日常で悩まされているいろいろな後遺症にひとつに、血尿があった。疲れたりすると、とたんに小便が真っ赤になるとのこと。

彼は、二〇年前にネパールの病院に一〇年間赴任していたのだが、その間、血尿はめったに出なかった。しかし、日本に帰国後、再び血尿がはじまった。仕事そのものは、むしろ楽なのにもかかわらず、である。

これは食べ物のせいではないかと疑った奥さんが、無農薬野菜や無添加の食品を買って食べさせたところ、血尿はウソのように収まった。しかし、地方などに出張したとたんに小便は真っ赤になってしまう。たとえ微量でも、農薬や添加物が体に入ることは、やはり良くない、というのがこの医学部教授の結論であった。

早瀬は、この記事（註）を読んで、こう考えた。

腎臓の機能はどうも一四〇％程度はあるらしい。だいぶ余裕があるということだ。ということは、多少おかしな化学物質を摂取しても、その「余裕」の部分で吸収でき、たとえば腎機能の低下など、表面に現象として現れることはないのだろう。

しかし、この医学部教授のように、腎臓の機能が落ちてしまい、ぎりぎりのところで生活している人が、化学的な食品添加物や残留農薬などの、人間にとっての「異物」を体内に取り込んだとたん、腎臓へのダメージが血尿という形で目に見えてしまうのではないか。

食べ物と健康との関係が見えはじめた。食べ物の安全性について疑問が生じはじめた。そうして早瀬は決意する。

自分の健康には、健康な食べ物が欠かせない。

なにより、自分の子どもには、農薬や添加物などが使われていない物を食べさせたい。しかし、今の東京での暮らしで、安全な食べ物は手に入りにくい。

今の病状では会社勤務もできない。

自分がやりたいことは何かと考えたとき、もともと養鶏家になりたかったことに気がつく。定年後にできればいいと考えていた夢であった。

「ニワトリを飼おう。安全な食べ物を作ろう。安全な卵を売ろう」

三九歳の心に再び、小学五年生の頃の情熱がわき起こった。頭に浮かんだのは、小さな頃に、入り浸った国際家畜研究所の種鶏場の平飼い鶏舎である。
会社は療養しながら仕事を続けられるポストを用意すると言ってくれた。
しかし、早瀬は退職を決断した。
そして妻のふるさと、福岡県に新天地を求めた。

（註）　この記事は、単行本『食糧——何が起きているか』（朝日新聞社出版局）に収録されている。

第6章
「金の卵」を生む仕事とは?

1　臭わない養鶏場を目指す

「農地を探してるんだけど……」

早瀬は、福岡県庁の農政部に勤めていた大学時代の親友に相談した。

「糸島がいいよ」

糸島地域は、福岡市の西の隣に位置し、海も山もあって自然が豊かな農業地域である。福岡市という大消費地にも近い。霜も降りないので、農業がやりやすい。

三根子さんの実家は福岡市早良区であり糸島地域に近いし、糸島には三根子さんとのデートでよく遊びに来ていたので、土地勘もある。

親友は、その町の農業委員会の会長も紹介してくれた。農地を取得し、新規に農業をはじめようとする場合には、農業委員会の許可が必要なのである。

しかし、そう簡単にはいかない。

畜産をはじめようとすると、どこの地域でも反対運動が起きる。畜産公害の発生源ができるわけだから、当然と言えば当然である。

「昔は、あちこちに養鶏場があった。その臭い、ハエ、鳴き声のうるささ、日本人で養鶏場のひどさを知らない人はいない。遺伝子に刻み込まれているんじゃないかと思うほどの嫌悪感を示す」

この地域でも集落会議が開かれた。

当然、皆、反対。

臭いやハエを発生させない飼い方をするつもりだったが、「絶対にない」とは言い切れない。

今なら胸を張って言えるが、当時は「やる前」なのである。

何度も会議が開かれた。地域住民は、同じ町内で平飼いをしている養鶏農家に視察にも行った。

その結果は、「やっぱり、臭いがしない養鶏などあり得ない」。

地域の理解はなかなか得られない。

「絶対に地域に迷惑をかけない。迷惑をかけたら養鶏をやめる」と契約書を作成して交わした。早瀬だって、地域に迷惑をかけてまでやりたくはない。

そこまで説明して、契約書まで作ったが、やっぱりダメ。

絶望的な気持ちになっていたとき、こう問われた。

「何羽くらい飼おうと思っとうと？」

本当は、生活していくために、一〇〇〇羽、二〇〇〇羽規模を考えていた。

しかし、はじめることができなければ、何もはじまらない。

早瀬は苦し紛れにこう言った。

「**二〇〇羽からはじめよう**と思っています」

ひとりのおじいさんが笑った。

「二〇〇羽なんか道楽ばい」

東京の自宅を売ったお金で、志摩町（現、糸島市）に五反五畝（五五アール）の土地を取得。

そうして念願の鶏舎を開くことができた。

2　最初からうまくはいかない、だから挑戦する

一九八九年、早瀬は、四二歳にして養鶏農家として人生の再スタートを切った。

早速、取得した農地に、鶏舎の建築を開始した。

建設も順調に進み、完成は目前。早瀬は、二〇〇羽のヒナを購入し、すでにできている鶏舎の部屋に放した。

それから一週間後の朝早く、電話が鳴った。鶏舎を建てている大工からだった。

「早瀬さん、ニワトリが死んでます！」

早瀬は慌てて鶏舎に駆けつけた。二〇〇羽のヒナ、すべてが死んでいた。

野犬に襲われたのである。

野犬は満腹になったからといって、殺戮の手を止めたりしない。狩猟を楽しむのである。そこに二〇〇羽のヒナがいれば、二〇〇羽すべてをかみ殺してしまう。

早瀬も野犬の恐ろしさは知っていた。だから、野犬が外から入ってこないように、外の柵は頑丈に作っていた。しかし、中の部屋と部屋との間仕切りは、弱い金網を張っただけであった。

大工が前日の仕事を終えたとき、ひとつの扉を閉め忘れ、そこから野犬が侵入。弱い間仕切りを食い破り、二〇〇羽のヒナを次々と襲った。

次に買った二〇〇羽のヒナもマレック病で、半数以上が病死。

早瀬は「最初からうまくいくはずがない」と割り切り、三度ヒナを購入。

三度目の挑戦で、やっと卵が生まれた。

それでも、とても生活できるほどの収入はなかった。

二〇〇羽のニワトリが毎日一四〇個の卵を産んで、一個三五円で売って、一日四九〇〇円。一カ月で一四万七〇〇〇円。それから生産コストを差し引くと……。

卵で食べていけるのは、まだまだ先の話だ。

3　どんなにきつい労働にも、体は慣れる

慢性腎炎を患う人の中には、人工透析をはじめて一カ月程度で、症状が軽減する人もいるのだが、早瀬の場合は長引いた。

結局、二年もかかった。

だから、ニワトリを飼いはじめてからも、最初は病気との闘いだった。

腎炎特有のだるさが全身を襲う。

一〇分仕事をすれば、きつくなって、三〇分休憩。

また一〇分仕事をして、三〇分休憩。その繰り返しである。

病気との苦闘は続く。

きついけれど、毎日、ニワトリにエサをあげなければならない。毎日、卵をとらなければならない。

最低限の仕事は、どんなにきつくてもやらなければならない。ニワトリを飼うとは、生き物を育てるとはそういうことなのだ。

そうすると、体が二〇〇羽のニワトリの世話に慣れてくる。あれほどきつかった仕事が苦にならなくなってきた。

二年目、ニワトリの数を二〇〇羽から六〇〇羽に増やした。当然、仕事量も増える。そうするとまたきつくなる。それでも毎日、六〇〇羽のニワトリにエサをやり、卵をとる。そうすると体が次第に慣れてくる。

二〇〇羽に増やしたときもそう。最初はきつくてしようがない。しかし、体が慣れてくる。

こうして、卵が足りなくなるたびにニワトリを増やし、増えた労働量に体が慣れる、というサイクルが繰り返された。東京に住んでいた頃より断然、調子がよくなり、いつしか働ける体になっていた。

食生活、自然豊かな環境、体を動かす仕事、大好きなニワトリとのふれあい、養鶏場経営というはじめての経験に気が張っていたこと、どれが理由かはわからないし、すべてが理由かもしれない。

早瀬は笑う。

「東京にいた頃の病状は凄まじかった。俺にもモルヒネをくれーって叫びたいほどだった。体はまったく動かない状態で、養鶏をはじめた。今考えれば、よくはじめたと思う。無謀なことをした。でもね、そのときは、ニワトリが飼えないとは思えなかった」

早瀬は続ける。

「今の私があるのもニワトリのおかげ。ニワトリが、一級身障者の私の体を、まがりなりにも動くようにしてくれた。**ニワトリを飼って本当によかった。**ニワトリには本当に感謝している」

4 自然には抗えないことを知る

一九九一年、養鶏をはじめて三年目。

慢性的な卵不足を解消するため、早瀬は、近くの山を造成し、ほったて小屋のような鶏舎を建てた。そこで一二〇〇羽、自宅の鶏舎で八〇〇羽、計二〇〇〇羽での生産体制となった。

この年は台風の当たり年だった。

九月一四日、台風一七号が長崎県長崎市付近に上陸。九州北部では四〇～五〇メートル毎秒級の暴風が吹き荒れた。さらに、雨量も記録的で福岡県前原市（現、糸島市）では一時間の雨量が一四七ミリメートルを記録した。

九月二七日、台風一九号が長崎県佐世保に上陸。やはり記録的な暴風により、九州北部の山林で大規模な倒木が発生、博多湾では韓国籍の貨物船が沈没したほどだった。

台風一七号が接近しているその日、早瀬は、心配になって山の鶏舎を見に行った。雨も風もどんどん激しくなっていく。

現場に到着して、早瀬は目を疑った。

ほったて小屋鶏舎全体が、強風が吹くたびに、ブワッ、ブワッと浮き上がっているのだ。

早瀬は、慌てて、鶏舎の軒と近くの立木をロープで縛りつけた。

地面に穴を掘って打ち込んでいた柱が、穴から抜け、浮き上がる。

早瀬は必死にロープを引っ張っていたのだが、次の突風が吹いたその瞬間、ものすごい音とともに鶏舎が目の前から姿を消した。見上げると、鶏舎は、山の中腹まで飛ばされ、山に叩きつけられ、粉々になった。

早瀬はゾッとした。

さっきの瞬間までロープを握って、必死に小屋を引っ張っていたのだ。

もしロープを握ったままだったら、ロープが体に絡まっていたら、鶏舎と一緒に山の中腹まで飛ばされて命はなかっただろう。

ビショビショになってうずくまっているニワトリを、一匹ずつ捕まえ、近くの小屋の開いている部屋に移した。

早瀬もビショビショになって、ニワトリを捕まえながら思った。

「**自然には絶対に抗えない。**農業とはこういうものなのだ」

後日、早瀬は、近隣の養鶏場の鶏舎も吹き飛ばされたことを聞いた。その鶏舎はケージ飼いで一〇万羽を飼っていた。そのうち、数万羽が逃げ出してしまったとのこと。

「ウチは小さい規模でよかった。被害も小さかった」

5 再出発——知識と経験をすべて詰め込んだ鶏舎

早瀬の悩みは、慢性的な卵不足。嬉しい悩みである。

とはいえ、鶏舎を増築するための土地がない。家から近く、条件のいい農地なんて、そう売りに出るものではない。条件のいい農地は、所有者が一番に利用するからだ。

そのとき、ある農家がこんな提案をしてきた。

「息子が、仕事を辞めて戻ってくる。農業で食っていきたいと言っているが、一緒にニワトリができないだろうか？」

その農家は早瀬の恩人だった。信じられる相手だった。

その農家が所有する農地に共同の鶏舎を建てようと言う。農地がない早瀬にとっても、ありがたい提案だった。

一九九四年、共同で出資し、その農家が所有する土地に、四〇〇〇羽を飼える鶏舎を建設した。生産体制はこれまでの倍。

卵の生産も順調だった。これまでの倍の顧客に『つまんでご卵』を提供できるようになった。

その農家が所有する幹線道路沿いの土地に、直売所も作った。古くからの『つまんでご卵』の顧客、評判を聞いたり、テレビや新聞を見た客が大挙して押し寄せるようになった。

順調そのものだった。

共同経営が一年を過ぎた頃、共同経営者が、いろんなことを言ってくるようになった。

「父親が高齢なので、早く一人前にならなければ」「今の土地でいろんな作物を作りたい」などなど。結局、「ひとりでやりたい。出て行ってほしい」ということだった。

早瀬は、出て行かざるを得なくなった。

なにせ、土地は彼らのもの。最後は、所有者が強いのだ。

早瀬はすべてを失った。鶏舎も、ニワトリも、直売所も。

すべてを失った早瀬は、みずからを奮い立たせた。

「再出発しよう。ゼロからのスタートだ。もう一度、鶏舎を建てよう。**考え得る理想の鶏舎を建てよう**」

借金をし、一九八九年に購入した敷地に、再び鶏舎を作り直すことにした。

一九九七年に一棟目が完成。それから順次、一棟ずつ増やし、一九九八年に、四棟が完成し、現在の形になった。

これまでの経験、知識をすべて詰め込んだ鶏舎である。

早瀬が考える理想の鶏舎、完全無公害鶏舎ができあがった。

第7章
新しい農業ビジネス
――フランチャイズ化への夢

1　リピート率は八〇%

福岡県糸島で養鶏をはじめた当初、卵を買ってくれたのは夫人の親せきや知人など。

早瀬が最初に卵につけた価格は三五円。スーパーで売っている安い卵に比べれば高い。

しかし評判はよく、顧客は次第に増えていった。

いつの間にか、争うように買ってくれるようになった。

二〇〇羽のニワトリから生み出される、約一四〇個の卵は、常に足りない状態。

当時は、エサも市販の配合飼料だったし、まだ『つまんでご卵』の名前も、知名度もなかった。それでも、それだけ売れたのは、卵の品質とおいしさ、つまりクオリティを消費者が評価してくれたからだ。

二年目。

テレビの取材をきっかけに、早瀬の卵は『つまんでご卵』となった。一九九〇年のことである。

それ以来、慢性的に卵の不足する状態が続いている。宅急便での注文には、発送まで、二〜三週間かかることもある。

現在の『つまんでご卵』の販売の内訳は、直売店での販売が三分の一、量販店への卸しが三分の一、宅配便が三分の一である。値段は一個五〇円、量産店に卸す場合は一個四五円、宅配の場合の送料は、顧客もちである。

ちなみに、**リピート率は約八〇%**である。

「一度食べてくれれば、こっちのもの」という言葉は、卵の味、質に対する早瀬の自信である。

さて、以上の価格で年間の売り上げを計算しよう。

七〇〇〇羽×三六五日×七五%（農場産卵率）×四七円／個（平均卵価）×八〇%（鶏舎稼働率）＝七二〇五万一〇〇〇円。

卵の売り上げが七〇〇〇万を超える。

一羽あたりに換算すると一万円を超す。

一般的な養鶏場では、卵を一個一〇円で売ったとして、そのうち七円くらいがエサ代に消える。人件費などを考えれば、赤字になる月も多い。わずかな利益を積み上げるべく、何万羽、何十万羽のニワトリを工業的に飼わざるを得ないのだ。

そう考えれば、『緑の農園』は、養鶏業として非常にまれな成功事例である。

新規就農者としても、まれな成功事例である。

2　直売所『にぎやかな春』オープン――安全安心の食品を供給する

そもそも、早瀬が養鶏家になったきっかけは、みずからの腎臓病である。そして、腎臓病が子どもへ遺伝することを心配した。

早瀬の長男が小学生のとき、尿からたんぱくが検出された。

「やってしまった!」

早瀬は青くなった。

息子の尿たんぱくは一時的なものであったが、こうした経験が、早瀬の「食の安全」についてのこだわりをますます強固にしていった。

「変なものは食べさせられない。自分にも、自分の家族にも。お客様にも食べさせたくはない」

◉直売所『にぎやかな春』

安全安心の食料品がたくさん並び、活気にあふれている。

早瀬が生産するのは、卵だけである。

卵だけでは自分の使命を果たしていないと感じた。

そこで、一九九〇年、『緑の農園』を名乗り、糸島の有機農家や、意識の高いメーカーと提携し、安全な食品をセットで供給しはじめた。

糸島半島内で手に入れることができなかったものは全国ネットで探し、二年間で、日常生活に必要な、安全な食料品がほぼすべて手に入るしくみを作った。

「短期間にこれだけ安全な食べ物をそろえられたのも、実は病気のおかげ」

病気との凄まじい死闘の毎日は、早瀬にとって「待ったなし」なのであった。

一九九四年に、共同経営の直売所を開設したが、結果は前述のとおり。

一九九九年には、直売所『にぎやかな春』を開設。『つまんでご卵』、鶏肉のほか、あらゆる安全な食品を取りそろえ、販売をはじめた。

初年度の売り上げは三〇〇万。

それから毎年、売り上げが一〇〇〇万円ずつ伸びていった。現在は、一億円にまで達している。

店には常連客も多いが、通りがかりの客がやってくることもある。

『にぎやかな春』は、サンセットロードという有名なドライブルート沿いにある。ドライブがてら、立ち寄る客も多いのだ。

店に入って商品を眺めながら、「こんな店があったんだ！」と歓声をあげる客もいる。店に取りそろえているのは、すべて、安全安心の食料品。無添加で手作り、自然の作り方にこだわったものなのだ。

無添加で手作りし、自然の作り方にこだわった物は、やっぱりおいしい。

「『にぎやかな春』には、二種類の客が来る。安全なものを求める客と、おいしいものを求める客。その両方を満足させられる。だから急速な勢いで売り上げが伸びた」

そうした客はカタイ。

リーマンショック直後も、これまでで最高の売り上げを記録。その後の不景気、デフレの経済環境下で、売り上げは伸びはしないものの、落ちてはいないのだ。

3　昔の飼い方が、おいしさの秘訣

『にぎやかな春』で取り扱っている食品は、すべて早瀬が、自分の目で、舌でたしかめたもの。妥協はない。

たとえば、『泳ぐ豚』である。

熊本県の天草島で、農業のかたわら「豚が大好きでたまらない」という山田夫妻によって、ほんの少数頭飼育されている。

特徴は、次のとおり。

①自然の地形を利用した完全なる放し飼いで、ストレスがない。豚小屋のかわりに、崖に掘られた洞窟で、ここの黒豚たちは寝泊りしている。

②泳ぐ。黒豚たちは、数頭の群れに仕切られて生活している。どの仕切りにも池が掘られている。豚という生き物は、厚い皮下脂肪に覆われている。断熱材を着込んでいるようなものなので、暑さが大敵。それゆえ、ここの黒豚たちは、よく池に入り込み、体内の熱を発散させている。

③運動をしているため、通常より一カ月以上も成長が遅れる。

④飼育者の山田さんが農家だから、余剰の農産物を食べることができる。たとえば、栗も食べている。山田さんいわく、「イベリコ豚はどんぐりだろ。うちのは栗だからもっと上等さ、はははは」。

日常食べている主食のエサも、サツマイモが入っている黒豚用の高級品。

いいものを食べ、食っちゃ寝て、泳いでいる。こんな豚、まずいわけがない。

たとえば、「アイスクリーム」である。

熊本県の菊池高原にある元『リヴェンデル・ファーム』オーナー社長のポール・ヘンシ

◉山田夫妻が飼育している『泳ぐ豚』

水を浴びて、幸せいっぱい！

ヤル氏は、イギリスのウェールズ生まれで、一九八三年にこの牧場を開設。

リヴェンデル・ファームでは、

①わずか数頭という少数の牛しか飼わず、
②牛をつながず放牧し運動させ、自由に遊ばせ、
③牛乳生産のために無理な妊娠をさせず、
④ホルモン剤など不自然なものを注射したり与えたりせず、
⑤できるだけたくさんみずからの農園で生産したエサを与えている。

早瀬曰く、「昭和三〇年代に見られた牛の飼い

◉『にぎやかな春』では野菜も販売

シール表示で、お客様に安全安心をわかりやすく伝えている。

方だ。昔は農家で牛一頭を飼っていて、ブラシをかけたり、なめるようにかわいがっていた」。

その牛乳がうまい。

その味に感動した早瀬が、一緒に作ったアイスクリームである。添加物である増粘剤を使わずに、『つまんでご卵』の黄身を使用。

「味は世界一」という。世界一の根拠は簡単。先進国で、こんな牛の飼い方をしている農場はないからだ。

早瀬はこう考えている。

「卵でも牛乳でも肉でも、近代的な方法で生産したものは、味がなくなっている。香りがなくなっている。そんな卵や牛乳や肉で作る料理がおいしいはずがない。品種のせいではない。**飼い方の問題**なのだ。現在の品種でも、昔の飼い方をすれば昔の味が出てくる。香りも味も戻ってくる。理由はわからないけれど」

『にぎやかな春』には、こうした食材が並んでいる。

4　新商品開発――ロールケーキが大ヒット！

早瀬は二〇〇八年に『つまんでご卵ケーキ工房』を立ち上げた。

『にぎやかな春』にそろった食材を見回したとき、ケーキ作りに必要な卵、小麦粉、砂糖、はちみつなどなど、すべてがそろっていた。それも、すべてが最高の品質。

早瀬は、ケーキ作りを思いついた。

無農薬の国産小麦粉のすばらしさ、おいしさをみんなに知ってもらいたい、消費を拡大したいとの考えもあった。

『つまんでご卵ケーキ工房』の主力商品は、福岡市西区周船寺の米麦農家、中島氏が生産した無農薬栽培の小麦を石臼で挽いた粉と『つまんでご卵』で作ったロールケーキである。

◉『つまんでご卵』使用のロールケーキ

しっとりとしたスポンジに、ふわふわのクリーム。
一度食べるとクセになる！

『チクゴイズミ』という国産小麦粉を、『つまんでご卵』の強い白身がふっくらと膨らませる。鹿児島県喜界島産の『旨みさとう』と北海道産のグラニュー糖がブレンドされ、甘さは控えめで上品。何といっても小麦粉と卵の香りがいい。

ロールケーキは一本一八〇〇円と高めである。

早瀬は、こんな値段をつけるつもりはなかったという。しかし、雇ったパティシエが、「原価率を考えれば、この値段にせざるを得ない」という。

次なる問題は、その値段で本当に消費者が買ってくれるのかどうか。

普段はマーケティング調査などを行わない早瀬だが、このときばかりは違った。『緑の農園』の女性スタッフに、ロールケーキを食べてもらった上で、「一本一八〇〇円で買うかどうか」を尋ねた。

結果は、「自分が食べる分だけ買う」。

早瀬は苦笑いした。

このロールケーキは、一年もたたないうちに評判になった。マスコミにも取り上げられた。

売行きは好調。開店後一年弱で、ケーキ工房の売り上げは、開店一〇周年を迎える『にぎやかな春』の売り上げの半分以上に達した。

しかも、利益率は、農産物を販売する場合の何倍にもなる。

「農業における利益を考えるとき、一次産業だけでなく、できれば二次、三次産業の分野にまで手を広げるべきかもしれない」

六次産業化である。一＋二＋三で六という説もあれば、一×二×三で六という説もある。どちらにしても、農業生産、加工・製造、販売・サービスまで一貫して行うことだ。

メリットは多い。

付加価値をつけることができる。利益率が高まる。なぜ利益率が高まるかといえば、加工賃や流通マージンなど、これまで第二次産業、第三次産業の事業者が得ていた付加価値を得ることができるようになるからだ。

商品にならないB級品の農産物を、加工することで商品にできる。たとえば、ひびが入って商品にならない卵も、ケーキにしてしまえば問題はない。

新しい消費者層にアプローチできる。たとえば、卵や農産物自体に興味はなくても、ケーキに興味のある層を顧客として取り込める。

いろいろなメリットがある。

ただ問題は、農家がケーキ屋をはじめて、うまくいくのかという点だ。

「養鶏業者の経営するケーキ屋を見てみると、皆よく売れている。食卵としては評判にならない卵を使っていても、作るケーキの評判はすこぶるいい例もある。卵屋が作るケーキというだけで、消費者に与える印象はかなりいいのかもしれない」

『つまんでご卵』には、卵独特の臭さがまったくない。卵臭さを消すための香料を使わなくてすむ。だから、国産石臼挽き小麦粉のいい香りを感じることができるのだ。

ケーキだって、素材で勝負である。

5　フランチャイズ化の可能性

現在、日本には、一億四〇〇〇万羽の採卵鶏がいる。

そのニワトリが、平均して年に二八〇から三〇〇個の卵を産む。

加えて、粉卵や液卵などが海外から輸入されている。

それが消費される。現在、日本人のひとりあたりの卵の年間消費量は、三二九個、一六・八キログラムにも及ぶ（註）。日本人は平均して、一日約一個の卵を食べている計算になる。

日本人は他の国々に比べても卵の消費量は多い。卵好きなのだ。

しかも、東京や福岡などの都市部でアンケートをとると、約五五％の主婦が「高くてもいいから、いい卵が食べたい」と答えている。食の安全・安心に対する関心は、確実に高まっている。

だから『つまんでご卵』は慢性的な品不足なのだ。

『つまんでご卵』を求めている消費者に、届けられない。それが心苦しい。マスコミに取り上げられると、一気に注文が増え、古くからの顧客の注文に応えられなくなることもある。それが申し訳ない。

早瀬も、本当はもっと規模を拡大したいと考えている。需要はあるのだから、作れば売れることはわかっている。しかし、現在の地では、土地取得などが大変である。

また、首都圏、大阪経済圏に住む顧客も多い。そうすると、送料がかかる。現在はふたつの運送会社と契約し、それぞれ地域ごとに比較をして、安いほうの会社に出しているが、大阪で七〇〇円、東京で一〇〇〇円もかかる。夏場はクール便で送るので、運賃はさらにはね上がる。送料のためだけに、それだけのコストを顧客に負担してもらうのは申し訳ない。

早瀬が考えている解決策は**フランチャイズ**だ。

希望者に『緑の農園』で研修をしてもらい、鶏舎の建て方、平飼いの仕方など、これまで培ってきたさまざまなノウハウを提供する。その技術を身につければ、『つまんでご卵』と同じ質の卵が生産できるようになる。

それらの卵も『つまんでご卵』という商標で、その近隣の顧客に供給する。

そんなフランチャイズができれば、比較的安い運賃で供給できるようになるはずだ。

農業に新規参入する場合に、問題のひとつは、販路の開拓、消費者の獲得である。『つまんでご卵』はすでにブランドとして確立されているし、顧客もついている。卵の品質、「つまんでもくずれない」というデモンストレーションがあれば、販路の開拓、消費者の獲得の問題は解決できる。

実際、希望者の六カ月間研修を受け入れている。

「九州全体で数十万羽くらい飼っても需要はあるはず。品質で負けはしない。もし、日本の一億二〇〇〇万人の消費者の一％が『つまんでご卵』をほしがっても、一二〇万羽のニワトリが必要だ。そう考えれば、現在の『緑の農園』には、わずか七〇〇〇羽のニワトリしかいないのは、どう考えても少なすぎる」

（註）「主要国の１人当たり鶏卵消費量」ＩＥＣ（International Egg Commission、国際鶏卵協議会）発表、二〇〇二年。

6　養鶏を農家の手に取り戻す

早瀬は言う。

「フランチャイズで儲けるつもりはない。そんなことなら自分でやったほうがいい」

実は、早瀬はフランチャイズで失敗している。

これまで、五名の研修生にノウハウを提供し、それぞれが独立してフランチャイズ方式での『つまんでご卵』生産を開始した。

しかし現在、フランチャイズとして残っているのは一戸だけである。四戸の農家は離脱した。

共同経営のときと同じ理屈だ。

技術を覚え、生産施設ができ、販路が開拓される。顧客個人とつながってしまえば、

『つまんでご卵』というネーミングは必要なくなる。

市販の卵が「可」だとする。『つまんでご卵』が「優」。フランチャイズから離脱すると「良」にレベルが下がる。なぜ、レベルが下がるかというと、飼料の一部の管理を早瀬が行っているからだ。ノウハウをすべて提供するわけではなく、ブラックボックスを作る。でなければ、農業という分野でフランチャイズは成立しない。

しかし、市販の卵が「可」で、他に競争相手がいなければ、「良」の卵でも十分に売れるのだ。

そうするとわずか五％のフランチャイズ料を支払うのが惜しくなるのだろう。しかも、五％のフランチャイズ料は、年々、低くなるように設定しているのにもかかわらず、だ。

しかし、それは契約違反である。技術、ノウハウの持ち逃げだ。

裁判にまで発展した。

さまざまな事情があって、裁判には敗訴。

しかし、早瀬はフランチャイズの夢を捨てない。

なぜ、早瀬はフランチャイズにこだわるのか。

養鶏を農家の手に取り戻すためである。

近代養鶏の技術は前述のとおり、工業化、工場化と言ってもよい。ウインドーレス鶏舎は、まさに卵生産工場である。

卵の生産は、農家養鶏が中心だと思われているかもしれないが、実態は違う。採卵鶏では農家以外の事業体、すなわち株式会社、有限会社などのシェアがすでに六二％に達している（二〇〇三年）。

ウインドーレス鶏舎の建設には何億円もかかるから、養鶏は、普通の農家が手の出せない産業になってしまった。

今では一〇万羽程度の羽数でも「中規模」。数十万羽、または百万羽単位になってはじめて「大規模」と呼ばれる現状だ。

このような大きな農場は、自前の研究機関を持ち、自社の卵の安全性をみずから証明できる。大手のスーパーは、このような卵でなければ安心して売ることができないと言う。

したがって、これからは中規模の養鶏場ですら販売面で難しくなるので、結局生き残るのは大規模農場だけになる。

『緑の農園』の平飼いシステムは、比較的安価に、小規模で、利益率の高い経営ができる。農家も新規就農者も、取り組みやすい。

そんな養鶏を農家の手に取り戻すには、早瀬個人で大規模にするのではなく、多くの農家がそれに携わる必要がある。

しかし、技術、ノウハウをタダで公開するわけにはいかない。そうすると、自然卵マーケットが崩壊するからだ。

そのためのフランチャイズなのだ。

「フランチャイズで儲けるつもりはない」

楽しい養鶏という仕事を、フランチャイズという手法で農家の手に取り戻したいのだ。

7　卵の値段のつけ方

スーパーで売っている、一パック百数十円の卵に比べれば、一個五〇円の『つまんでご卵』は明らかに高い。

しかし、首都圏で流通している、いわゆる自然卵は一個八〇円くらいする。そう考えれば、『つまんでご卵』は相場より安い。

現在、早瀬は値上げも検討している。

何の業界にしてもそうだが、値段は下げるのは容易だが、上げるのは難しい。特に、消費者との関係が密接であればあるほどより難しくなる。

『つまんでご卵』は当初一個三五円で販売していた。現在は五〇円である。つまり、値上げのタイミングがあったのだ。

「どんなタイミングで値上げできたのですか?」と問うと、何のタイミングもないという。

「利益率が下がってきたから値上げした。それだけのこと」

値上げすると、数名の消費者から値上げの理由について問い合わせがあったという。早瀬は「理由はない」と答えた。それに対して、あきれかえった消費者もいた。

早瀬は、冷静だ。

「農家は農業で食っていかなければならない。農産物には、**農家が食っていくための適正価格**がある。商品にその値段をつけることに引け目はない。値段を上げるのは難しいことではない」

では、卵一個、一〇円値上げしたとしよう。

現在、『緑の農園』では、一年間に七〇〇〇羽のニワトリから、約一五〇万個の卵が生産されている。一個、一〇円値上げしたとすれば、年間で一五〇〇万円以上、売り上げが上がることになる。

一〇円は大きい。
早瀬は値上げを恐れない。
でも儲けるためではない。
やりたいことがいくらでもあるのだ。

8 お客様に「健康」を提供するために

「儲けるためにニワトリを飼っているわけではない」

「商人じゃないから、モノを売って、その手数料で儲けようとは思わない。直売所で儲けようとは思わない。手数料で儲けるなんて罪悪感さえ抱く」

実際に『にぎやかな春』での販売手数料は一〇%で、一般の直売所より安い。

しかし、「売り上げは伸ばしていかなければならない」と言う。

「**社員の給料を上げてやらないといけない**からね。ひとりでやってるんじゃない。人を雇うとはそういうことだ。そういう責任が生まれてくる」

そして、これから先は金が必要だと言う。

やりたいことがいろいろあるのだ。

例をあげよう。

飼料の純国産化だ。その飼料で『つまんでご卵』のクオリティを維持する。飼料の自給率が極端に低いわが国において、飼料の純国産化は国是である。

次に、超低コレステロール卵の生産。これは、コレステロールの低い日本人向けではなく、コレステロールの高い欧米人向け。絶対に喜ばれるはず。

これらを、実験、実証、技術確立しようと思えば、数億円の研究費、技術開発費が必要だという。だが、今のところもちろん、そんな金はない。では、今の自分にできることからやっていこう。

現在、研究棟を建設中だ。

私腹を肥やすために儲けるのではなく、技術開発のために、利益が必要な段階に達したのだ。

早瀬は言う。

「新規就農して、養鶏場を開いて二〇年がたった。やっと基盤ができた。技術、ノウハウも確立できた。あとは、このやり方を広げていくだけで、より多くの利益を得ることができる。しかもリスクはない」

早瀬は最も大事な健康を失った。だから本当に大切なものが何かわかっている。単に儲けることには意味がない。

みずからが失った健康を、より多くの消費者に提供するために、これからは研究にも力を注ぐのだ。必要な資金も、みずからで稼ぐ。

そのための助走期間は終わり。

早瀬が見ているのは、**人もニワトリも笑っている未来**だ。

第8章

ニワトリの幸福が導く成功への道

1　農業はプロダクトアウト

「プロダクトアウト」と「マーケットイン」という考え方がある。

プロダクトアウトとは、商品開発・生産・販売活動を行う上で、生産者側の都合、具体的には、論理や思想、感性・思い入れ、技術などを優先するやり方。

一方で、マーケットインとは、消費者の要望、ニーズを理解して、ユーザーが求めているものを求めている数量だけ提供していこうという経営姿勢のこと。

一九七〇年代以降、市場の成熟化と大量生産技術の高度化により、さまざまな業界で供給過剰が見られるようになってきた。そこで購買者の視点、ニーズを重視するマーケットインが提唱されたのである。

しかし『つまんでご卵』はプロダクトアウトの典型である。『つまんでご卵』は早瀬の信念と技術と個人的思い入れの賜である。

信念がなければ良い農産物なんてできない。消費者の要望、ニーズに耳を傾けるだけでは、妥協したモノしかできない。迎合したものしかできない。

中国製毒入り餃子事件が話題になったとき、消費者が農産物を選択するときの基準は「安全・安心」であった。

リーマンショック以降、デフレの今日、消費者が農産物を選択するときの基準は、「安さ」である。

そんな消費者の要望、ニーズに合わせていたのでは、農業なんかできない。そもそも合わせることなんかできない。ある年はとっても安全な卵を、次の年はめちゃくちゃ安い卵を生産する。そんなことができるはずがない。

農業はプロダクトアウトだ。

信念を持って生産する。

それしかできない。

大切なのは、消費者の要望、ニーズに耳を傾けることではなく、生産者の信念をいかに伝えるかである。そして消費者を教育、啓蒙することだ。

農業は、ただ売れればいいというものではない。

プロダクトアウトが大事なのだ。

2　夫婦で役割分担する

早瀬は、みずからを右脳の人だと語る。新しいアイデアは次々と思いつくし、やりたいことも山ほどある。けれど、事務作業などは苦手。特に数字には弱い。

妻の三根子さんは、みずからを左脳の人だと語る。『緑の農園』の経理、労務管理、社員教育などは、すべて三根子さんが取り仕切る。

早瀬は「妻がいなかったら、今の仕事の半分もできていなかった」と語る。

そして、早瀬が踏み込みすぎるアクセルに、ブレーキをかけるのも三根子さんの重要な役割だ。

早瀬は理想を追い求める。

「ウチのかしわご飯は日本一だ。だけど、プラスチックの容器がよくない。あれでおい

◉『緑の農園』オリジナルのかしわご飯

早瀬のアイデアは受け入れられず、
いまだプラスチック容器に入れて販売。

しさが半減する。木製の容器に入れたい」

三根子さんは、さまざまな容器のサンプルを入手。コストを計算。実際にかしわご飯を入れてみて、いくつかの問題を発見。かしわご飯の容器は、いまだプラスチック製だ。

早瀬は、次々とアイデアを思いつく。

あるときは「卵もあるし、鶏肉もあるから、日本一の親子丼屋を作ろう！」と思いついた。

三根子さんはそれにストップをかけた。採算を考えれば、平日の集客が必要。しかし、こんな田舎に、親子丼を食べるため、平日に客が来るとは思えない。

そうして親子丼屋のアイデアはボツになった。

ケーキ屋にはGOサインを出した。商品にならない卵を使える。洋菓子店なら、平日でも女性客が足を伸ばす。『にぎやかな春』に来店する客の半分が、ケーキ屋にまで足を伸ばせば……。『つまんでご卵』を使えば、絶対においしいケーキができる。

そんな三根子さんの判断力を信用しているから、早瀬は三根子さんの判断に従う。

さらに、そこから先も三根子さんの仕事だ。

役場での建築許可、どんな補助金があるか、六〇〇〇万円の借金の手続き。相当なエネルギーが必要だ。

三根子さんはそれをこなす。

早瀬には突破力がある。三根子さんはゆっくり確実に歩を進める。

早瀬は金のことは考えない。三根子さんは資金繰りまでちゃんと考える。

早瀬は理想を追い求める。三根子さんは現実を見ている。

早瀬は三根子さんの実務能力を信用している。三根子さんは早瀬の養鶏に関する知識と技術と経験と、発想力を信用している。

ふたりとも『つまんでご卵』に誇りと自信を持っている。

ふたりは「ふたりで一人前」だと笑う。けれど、お互いの長所を認め、役割分担をし、力を補い合い、信頼し合っているから、三人力にも、四人力にも見える。

3　ときには楽観的に、どんと構える

早瀬はみずからを楽観的、脳天気だと語る。

有名漫画家への道も開けていたのに、その道をみずから閉ざした。

「漫画家になっていなくてよかった。漫画家の過酷な仕事で、慢性腎炎を発症していたら、もっと大変なことになっていた」

病気をして会社を辞めざるを得なくなってもそう。

「健康なときなら二の足を踏んだであろう新規就農を、病気が後押ししてくれた。だからこそ今がある」

当時の早瀬の病状は凄まじく、まったく体が動かなかった。

「不思議と、ニワトリを飼えないとは思えなかった。何とかなると思っていた」

最初のヒナが犬に全滅させられたときもそう。

「二〇〇羽でテストができた。もし一〇〇〇羽飼っていたら被害が大きかった」

早瀬は、そんなみずからの人生を「怪我の功名」「損して得取れ」続きだと振り返る。

三根子さんは肝が据わっている。みずから「動じない人」だと語る。

早瀬の病気が悪化したときも、会社を辞めざるを得なくなったときも平然としていた。

ただ、快活だった早瀬が暗く落ち込んでいくのだけが心配だったと言う。

三根子さんは、サラリーマン一家に育った。本当は、ニワトリに触るのも怖かった。だから養鶏をはじめるなんて想像もしていなかった。けれど、早瀬が、何とかしようと動きはじめた姿を見るのが嬉しかった。何とかなると思えた。

就農前に、「卵が売れるかどうかなんて心配したことはない」。

最初のヒナが犬で全滅し、次のヒナがマレック病で半滅。

当然、その間の収入はない。

しかし、ふたりの明るさがあるから、一歩を踏み出せ、ここまでこられたのである。

4　自信があるから売れる

早瀬は潔い。

漫画家もスパッとやめる。

会社もスパッと辞める。

将来のことを考えて、保険を残しておいて、というようなことはしない。

潔い。

「将来に対して不安はなかったのか？」と尋ねると、「ない」と言う。不安はまったくなかった。漫画家をやめたときも、将来が保障されているわけではない高校の非常勤講師をやっていたときも、会社を辞めるときも。

「絶対に食っていける自信があった。ヘンな自信があった」と言う。

多くの人を見てきて、そう思ったのだそうだ。

たとえば、大学時代には、いろんな先生を見てきた。いわゆる「偉い教授」もいた。その専門分野では一流かもしれないが、「自分が勝てる部分がある」と思った。だって、小さな頃からずっとニワトリを飼っていて、ニワトリの話がわかるのである。

たとえば、サラリーマン時代には、競合他社のサラリーマンを見てきた。東大卒で、一流企業のサラリーマンもいた。

「たしかに、彼らは頭はいい。でもニワトリについて、養鶏に関する知識や経験は自分が勝っていると思った」

そんなヘンな自信があったから、何をしても絶対に食っていけると思った。

だから何でも潔く辞めた。

潔く辞めたからこそ、次のステップに全力投球することができた。

もし、漫画家を続けながら高校の非常勤講師をやっていたら、講師生活は絶対に楽しくなかっただろう。

もし、会社に身を置きながら療養していたら、今のように体は動いていないだろう。

潔く、過去に決別し、次のステップに歩を進めたからこそ今がある。

それができたのはヘンな自信があったからこそである。

早瀬と話をしていると「日本一」「世界一」という言葉がポンポンと飛び出してくる。「世界で一番うまい」とか「日本で最高のニワトリの肉」とかだ。

謙虚な日本人は「何を根拠に……」「どうしてそこまで言い切れるのだろう……」と不思議に思ってしまうかもしれないが、それも早瀬の自信の表れだ。

逆に言えば、**自信がないものなんて売れない**のだ。勧められないのだ。

自信がなければ、消費者に説明もＰＲもできない。

自信を持つ。自信があるものを売る。自信があるから売れる。

5　常識を打ち破る

早瀬は、サラリーマン時代に、全国の養鶏場を見て回った。

トップレベルの養鶏場もあったし、近代養鶏という意味ではレベルが低い養鶏場もあった。

当然、トップレベルの養鶏家は、生理、病理、栄養に関する知識、経験もトップレベルだ。

しかし、早瀬が多くのヒントを得たのは、いわゆるレベルが低いほうの養鶏家だった。

彼らは、いろいろなことを考え、いろいろな挑戦、いろいろな工夫をしていた。

それらを見聞きしていると、気づかされ、考えさせられることが多かったという。

それが、今の役に立っている。

一方で、トップレベルの養鶏家は、生理、病理、栄養に関する知識、経験はすごいのだけれど、その常識にとらわれている。その常識の範囲内でしか、考えていない。パラダイムを打ち破らなければならない。でなければ、新しい世界は切り開けない。

象を子どものときから鎖につなげて飼うと、何度も逃げようとする。逃げようとするたび、鎖が足に食い込む。すごく痛い。だから象は逃げることをあきらめてしまう。やがて象が成長し、鎖を引きちぎれる力が十分にあるのに逃げようとしない。幼い頃の「鎖は切れない」というパラダイムがあるからだ。

養鶏の世界にもそんな鎖があった。

「養鶏場は臭いものだ」

「ニワトリは鳴くものだ」

「ハエは絶対にやってくるものだ」

「卵は安いモノだ」

「卵がつまめるはずがない」

早瀬は、さまざまな養鶏家の姿に、気づかされ、考えさせられ、そうしてこれまで誰も考えつかなかったような、ビジネスモデルを作り上げることに成功した。

早瀬は人生訓にしている。

「どんな人からでも得るものはある。どんな人もバカにしてはいけない」

6　人とは違ったアプローチを試みる

養鶏業も、直売所も、ケーキ屋も、それぞれ成功した。

その成功の秘訣をこう語る。

「まったく違うアプローチをしたからだ」

養鶏業『つまんでご卵』の場合。

前述のように、「ニワトリ好きは養鶏ができない」。早瀬は、ニワトリが好きな上、畜産業も知りつくし、養鶏場を開設した。ニワトリのために最高の住環境を整備し、そうして『つまんでご卵』ができたのだ。単なるニワトリ好きでも単なる養鶏業者でも、このビジネスモデルは、絶対に構築できなかったはずだ。

ニワトリ好きが養鶏業にアプローチしたから、成功した。

直売所『にぎやかな春』の場合。

早瀬は、直売所で儲ける気はなかったという。単に「自分の台所を作るような感覚。自分や家族が、安心して食べることのできるものを取りそろえた」という。

直売所の専門家であれば、客単価を上げるため、リピート率を上げるため、いろんな商品を店頭に並べたくなる。新しい商品を仕入れたくなる。そうすると、普通の直売所の品揃えになる。

一消費者の台所感覚で直売所を作ったから、成功した。

ケーキ屋『つまんでご卵ケーキ工房』の場合。

パティシエはあるパラダイムにとらわれている。「国産の小麦ではケーキは焼けない」というパラダイムだ。膨らまないからだ。有名な洋菓子店がよく使っているのは、スーパーバイオレットという高級薄力粉。どの店でもそうだという。

早瀬は農家として国産小麦にこだわった。早瀬が惚れ込んだ米麦農家、中島氏の小麦粉『チクゴイズミ』を使いたかった。

日清製粉の技術者と一緒に、試験的に、石臼挽きの『チクゴイズミ』と『つまんでご卵』でケーキを焼いた。技術者は「膨らむわけがない」と思っていた。しかし、結果は想像をはるかに超えるほど膨らみ、大成功。

秘密は『つまんでご卵』の白身だった。

卵を割って皿に乗せてみるとわかるが、白身には二種類ある。盛り上がっている「濃厚卵白」と、さらさらした「水様性卵白」だ。濃厚卵白が盛り上がっているのは、オボムチンと呼ばれるたんぱく質による。『つまんでご卵』の白身は、このたんぱく質の繊維が相当に強い。白身をあわ立ててスポンジケーキなどを焼くとき、レシピどおりの量をあわ立てると、メレンゲがボウルから溢れ出してしまうほどだ。

どの洋菓子店もスーパーバイオレットを使っている。素材は変わらないわけだから、小手先や目先を変えて勝負しなければならなくなる。

しかし、石臼挽きの国産小麦粉でのケーキが完成した。オンリーワンである。

農家のこだわりでケーキ屋を作ったから、成功した。

7 まずは、ひとりではじめる

早瀬のもとには、いろんな誘いや提案が寄せられる。

たとえば、直売所を開設する際、いろんな人が、いろんな誘いを持ちかけてきた。「道の駅にしてはどうか?」「こういう補助金がある」などなど。

早瀬は、こうした提案を断ってきた。

「協調性がないんだよ」と笑う。

それだけではない。

それが、しがらみを生むからだ。

たとえば、直売所の場合、自分が売りたくない商品も、店頭に並べざるを得なくなる。「あの人の頼みだから」といって、みずからの信念はゆがめられないのだ。

それに、ひとりでやるほうが早い。

決断も早くできるし、すぐに行動もできる。

思いどおりにできる。

早瀬は指摘する。

農業はひとりでやっているように見えるけれど、実は、協調性が求められる。たとえば、米を作る場合には、水は不可欠。水はみんなで使い回すものだから、慣習や慣例に従わなければならない。地域の中で生きていかなければならない。しかし、それが、個人の能力を発揮しようとする場合に、足かせになってしまうことも多い。

これからは、それじゃいけない。

個人が能力を発揮しなければならない。

それを可能にしなければ、産業としての農業は育たない。

早瀬は、その先まで考える。

では、これといった能力がない人はどうするのか。

能力がある人が確立した普遍的な技術やシステムをうまく利用すればいい。普通の人でも、そうやってちゃんと農業で食っていける。
そうでなければ、産業とは言えない。
そのために早瀬が考える具体的なアイデアが、フランチャイズなのだ。

8　アイデアを組み合わせる

早瀬は、完全無公害鶏舎を前にして言う。

「奇跡的だと思う。あらゆる要素がある。そのあらゆる要素が、ひとつの焦点にしっかりとあったようなものだ。ひとつが狂えば、成立しない」

では、この奇跡がどのようにして生まれたかといえば、早瀬は**「組み合わせ」**だと言う。

「これまで、数え切れないほどの人たちが、養鶏に取り組んできた。みんなが、それぞれ知恵を絞り、経験を重ねてきた。この鶏舎は、その組み合わせだ。オリジナルの技術もあるけれど、それは少ない」

発想法で有名なジェームス・W・ヤングはこう言った。

「アイデアとは既存の要素の新しい組み合わせ以外の何ものでもない」

先人それぞれが養鶏技術の開発に尽力した。

しかし、完全無公害と、高い経済性とを両立する鶏舎の実現には至らなかった。

早瀬は、その実現のために、先人の蓄積した要素を組み合わせた。それによって、完全無公害と、高い経済性とを両立するという新しいアイデアを実現したわけだ。

組み合わせ方が新しいアイデアとなる。オリジナリティとなる。


早瀬は組み合わせの達人だ。

ロールケーキも、石臼で挽いた国産小麦粉と、『つまんでご卵』の組み合わせの賜だ。

ニワトリがあるから、鶏ガラがある。醤油も塩も、一流の調味料がそろっている。無農薬の国産小麦がある。製麺所の知り合いもいる。そうしたら、最高の醤油ラーメンができるはず。

『つまんでご卵』の養鶏システムがある。知り合いが、障害者が働く授産施設をやっている。では、授産施設で『つまんでご卵』を生産したらどうだろう。仕事は難しくないし、利益率も高い。さらに、アニマルセラピーになるかもしれない。
早瀬の頭は、組み合わせで、アイデアが満ちあふれている。

9　返せるアテのない借金はしない

最初の二〇〇羽のヒナは犬にやられ、次のヒナはマレック病にやられた。

早瀬は「最初からうまくいくはずがない。技術も経験もまったくないのだから失敗は仕方がない」と振り返る。

そして、「二〇〇羽で実験できた。二〇〇〇羽なら被害が大きかった」と笑う。

障害者年金があったから、生活には困らなかった。

「借金をして農業をはじめていたら事情は違っていた。借金をしなくてよかった」

成功するかわからないのに、借金をするのはリスクが大きい。実際に、ニワトリが好きで、生物としてのニワトリに詳しく、鶏産業に詳しい早瀬も二度も失敗したのだ。

もし、借金をしていたら、どこかで無理をしなければならなくなる。いきなり大規模ではじめたり、一坪あたりにできるだけ多く飼おうとしたり、いろいろだ。

早瀬が、自分のやりたい形態で養鶏をスタートできたひとつの要因は、借金がなかったからだ。

ただし……。

「昔の鶏舎は、金がなかったから、良い鶏舎ができなかった」

良い鶏舎を建てるには金が必要なのだ。四度目の鶏舎建設で、やっと思いどおりの鶏舎ができた。

現在の鶏舎を一棟建てようと思えば、八〇〇万から一〇〇〇万くらいかかる。

当然、現在の鶏舎を建てる際には借金をした。

ケーキ工房を建てる際にも、六〇〇〇万円の借金をした。

それは返せるアテがあったからだ。

早瀬の規模拡大の基本的考え方は「足らないから増やす」である。

一気に、規模拡大すれば、イニシャルコストは安く抑えられる。

しかし、一気に生産量を増やしても売れないかもしれない。売れなければ、価格を下げざるを得なくなり、利益率が下がる。すると借金の返済計画が狂い……となる。

足らないから増やす。

アテのない借金はしないこと。

それから、ランニングコストの借金はしない。

『緑の農園』経営の鉄則である。

10　あらゆる記録をつける

早瀬は断言する。

「記録がなければ経営はできない。良い経営をするために、あらゆる記録をつけることを習慣づけておく必要がある」

たとえば、産卵数、個卵重、作業内容、死亡羽数などは毎日記録する。野帳に現場での記録をして、一週間分まとめる。さらに、この週齢の数字をもとに長期の成績表をまとめる。

体重測定も重要だ。

成鶏舎導入時、約一〇〇日齢の若雌の体重を測定する。

体重を測定して、いろいろと判断する。

◉体重測定の装置

逆円錐形の容器にニワトリを入れて、
一羽ずつ測定。

まず、平均体重を求める。平均体重が、その種の一般的な一〇〇日齢の体重を上回っていればOK。

体重のバラツキも見る。個別の体重が、平均体重の一〇%以内に、どれだけ入っているかを調べる。八〇%以上入っていれば、「この群の均一性は合格」と判断するのだ。

これらの数字を、若雌を育成してくれた会社に連絡する。こうすることで、育成側は、良い若雌を選別して納入してくれるようになる。

『緑の農園』ではヒナの導入後も、三二週齢までは毎週、それ以後は毎月一回の体重測定を欠かさない。

病気などによる異常のサインは、体重と個卵重に最初に表れる。

だから、記録は必要不可欠なのだ。

そして、単に記録するだけでは意味がない。何のために記録するかといえば、チェックするためである。計画と結果とが、どれだけ一致しているか、どれだけ差が生じたかをチェックするのだ。そうして改善が生まれる。

記録がなければ経営なんてできるはずがないのだ。

11　科学で裏付ける

早瀬は、大学でニワトリについて学んでいたこともあり、ニワトリの生理、病理、栄養、社会行動などについて本当に詳しい。

鳥類の呼吸器についてもそう。エサと黄身の色との関係についてもそう。話を聞いていると、研究者と思い違えるほどだ。

養鶏場における「点灯」にしても。養鶏家の中には、なぜ「点灯」しなければならないのか、知らない人もいるという。

早瀬は科学的に説明する。

野鳥は春になるとさえずりをはじめ、繁殖に入る。冬至の翌日から延びてくる日照時間を、鳥は脳内で積算してホルモンを分泌し、精巣や卵巣を発達させ、交尾・産卵・就巣・

子育てと続く、一連の繁殖行動に入っていく。

自然の日照の伸びは夏至に至って止まり、日はまた冬至に向かって短くなっていく。それにともない、野鳥の生殖器官は非常に小さく縮んでしまう。

ニワトリも家畜であるとはいえ鳥である。この法則から免れるわけにはいかない。だから点灯の工夫が必要になる。

初産を開始し、三％ほどの産卵率に達した時点で、電球を点灯し、あたかも春がきたかのように少しずつ明るい時間を延ばしてやる。この操作により、どの季節に導入したニワトリであっても、今が春だと勘違いし、素直に産卵期間を延ばしてくれることになる。

夏至を過ぎて点灯を行わないと、ニワトリの脳は逆の積算をはじめ、やがては秋を感知し、卵巣を萎縮させる。こうして排卵ホルモンの減少した鶏群の産卵は落ちる。

それどころか、個体によっては巣に就いたり、換羽に入ったりするので、産卵成績は悲惨なことになる。

こう考えると、点灯設備のない鶏舎で儲けを出すことは、不可能なのである。夏至が過ぎたら、点灯によって一日の明るい時間を一四時間ほどと一定にして、ニワトリに「秋はまだきていない」と勘違いさせてやらねばならない。


自然養鶏家の中には、点灯に否定的な人もいる。

品種の選定にしても、エサにパプリカ粉末を混合することについても、ワクチンの接種についても、無精卵であることについても、さまざまな意見はある。


早瀬は、みずからの信念と、「農業で食っていく」という現実の中で、行動を決定している。それを支えるのは、科学的な知見の裏付けである。

中には、偶然うまくいったこともあるのだが、後追いで科学で裏付ける。

早瀬は、消費者に、それをちゃんと説明する。科学的に説明する。

単なるイメージだったり、「エネルギーがある」などと、抽象的な説明はしない。

それは消費者にちゃんと伝わる。

消費者は納得して『つまんでご卵』を買う。

12　時代を読む

ニワトリに最高の住環境を提供する。

そんな早瀬の取り組み、信念は時代錯誤だろうか。

消費者に評価され、経済的にも成功しているのだから、時代錯誤ということはないだろう。

世界的に見れば、「最先端」という以上に、当たり前になりつつあることなのである。

家畜福祉、アニマルウェルフェアーと言う。

ヨーロッパでは一九六五年に家畜福祉の原則「五つの自由」が提唱された。

五つの自由とは、

①飢えと乾き、栄養不足からの自由

②不快からの自由
③痛み、傷害および疾病からの自由
④恐怖と苦悶からの自由
⑤正常な行動を発現する自由

である。それ以降、家畜の健康と福祉の増進を目指した運動が進展している。

二〇〇〇年にはEUの有機畜産規制が定められ、二〇〇一年のFAO（国際連合食糧農業機関）とWHO（世界保健機関）との合同食品規格委員会（コーデックス）総会にて家畜福祉基準の遵守を盛り込んだ有機畜産ガイドラインが採択された。

それによれば、「新築の鶏舎は二メートルの高さを持つことが定められていて、収容密度は一平方メートルあたりに九羽。一群は六〇〇〇羽までに制限されている。自由に飼料を食べたり、水を飲んだりできる環境が基本」とされている。

ドイツでは「ケージ飼育禁止法」を定め、ケージ飼いは二〇〇六年一二月三一日をもって違法となった。EU全体も二〇一一年一二月三一日でケージ飼いは全面禁止される予定だ。

EUでは、採卵鶏の飼育形態として、日中は自由に屋外に出て夕暮れに鶏舎に戻るフリーレンジ農場が先進的なものとして紹介されている。

まさに『緑の農園』は、**最先端の世界基準**である。

早瀬は、その先を読む。

「今後は、平飼いでの大量飼育システムが開発され、価格競争になるはず。そのときに、競争に飲み込まれないよう、品質のさらなる向上とお客様とのつながりを大切にしたい」

飼料の純国産化、超低コレステロール卵の生産も早瀬の読みなのだ。

13 なによりも、ニワトリを愛する

前述の家畜福祉の考え方。

「これから殺して食べてしまう家畜に、不快とか痛みとか恐怖とかは関係ないだろう」

という考えは、わからなくもない。

しかし、世界の潮流からすれば時代遅れである。

殺されて食べられる家畜にも福祉がある。権利がある。

殺し方も大事だ。

早瀬も、ニワトリの屠殺法に信念がある。

福岡や大分など九州北部でよく見られるニワトリの屠殺法は、「首吊り」法。縄を首に巻かれて木に吊るされ、気を失うか死ぬのを待つ。

ニワトリは脳の血流がもともと多くないのと、体重が軽いため、いつまでたっても致命的なダメージを受けない。数十分も、もがき苦しむ。しかも、そのような殺され方をしたニワトリは全身に血液が残るため、肉が赤黒く、見栄えも味も悪い。

一番よい方法は、首を切ってやることである。といっても、のどをまっすぐ掻っ切るのは気管を切断するだけだから、ニワトリは血を流しながらもがき苦しむ。首の動脈を切ることが大切である。

目安は、耳の直下、頭骨から頸部にかかった位置で、この部分の皮下に頸動脈が走っている。鋭い刃物で、この部分をほんの一センチメートル切る。かなり太い血が流れ出したら成功で、ニワトリは約一分間で意識を失い、次の一分間で完全に死亡する。しかも、筋肉からほぼ血液が抜けているため、その肉は美しいピンク色を呈す。

ニワトリの屠殺法にもこだわる。

それは早瀬のニワトリに対する究極の愛情でもある。

14　すべてを結びつける

愛情だけでは食っていけない。
環境だけでは食っていけない。
ロマンだけでは食っていけない。
経営だけではやっていけない。

『つまんでご卵』のビジネスモデルのすごさは、それらを統合していることだ。
自然な環境に放されたニワトリは、肉体的、精神的なストレスが少ない。
畜産公害も発生しない。
ニワトリは心身ともに健康に育つ。
そこから産まれた卵も、当然のことながら健康。

あらゆるストレスのない環境が実現できれば、卵は原則的に無菌卵となる。なにより黄身をつまむことができるほど、丈夫な卵になる。

地面の上で飼育した幸せなニワトリの産んだ自然卵はつまめるのだ。

エサや照明を工夫すれば、ケージ鶏舎なみの産卵成績を実現できる。そうすれば、「卵で食っていける」レベルの収入を得ることができる。

環境と経営はトレードオフではない。家畜福祉と経営もトレードオフではない。統合ができる。つまり、ひとつ上のレベルで、結びついているのだ。

ただ、それを可能にするのは、ひとつ五〇円という値段であり、それを買い支える消費者だ。そんな消費者がいなければ、このビジネスモデルは成立し得ない。

高くても、安全で安心でおいしい卵が欲しいという消費者は確実に存在する。早瀬は指をくわえて、そんな消費者が目の前に現れるのを待っているわけではない。だからこそ、卵をつまんだのだ。

だからこそ、ネーミングしたのだ。
だからこそ、『つまんでご卵』が生まれたのだ。
けれども早瀬は、「ニワトリのおかげだ」という。
ニワトリの恩返しなのだと。

おわりに――「夢」に「好き」をかけあわせた力

早瀬さんのガレージには、ＢＭＷが並んでいる。

それを見たとき、正直、「怪しい」と思った。

「農業でそんなに儲けられるわけがない。そこまで儲けているなんて、何か、裏があるに違いない」

私の中に、農業で儲けることができないという思い込みがあったのだ。

しかし、早瀬さんの話を聞きながら、私の思い込みは、ガラガラと音を立てて崩れ去った。早瀬さんの、波瀾万丈な人生、志の高さ、技術力、なによりニワトリを愛する心に、心揺さぶられた。

そうしてこの本の取材がはじまった。

取材が終盤にさしかかったとき、聞いてみた。

「ＢＭＷが好きなんですか？」

早瀬さんは答えた。

「最初の子どもが生まれたとき、どうしてもこの子を守りたいと思った。交通事故なんかで、亡くしたくはない。だから、車体が頑丈で、足回りがしっかりしているＢＭＷにした。そりゃあ、国産車よりは、一〇〇万、二〇〇万高いけれど、それで子どもの命が守れるのならと決断した。当時は、全然、お金もなかったけれど」


さて、早瀬さんの話を聞きながらもうひとつ考えさせられたことがある。

好きなことを仕事にするか、否かである。

好きなことをやって、それで飯を食っていければ、最高の人生だ。

一方で、好きなことを仕事にしないほうがいい、と言う人もいる。仕事が失敗したときに、好きなことも嫌いになってしまうからだ。食っていくために妥協しなければならない局面も出てくるからだ。その仕事をあきらめなければならないとき、好きなことも一緒に捨てなければならなくなるからだ。

だけど、早瀬さんの話を聞いて考えさせられたのは、好きでなければできない仕事があるということ、好きでなければ実現できない世界があるということだ。

その好きは、中途半端な好きではなく、心底好き。

妥協なんてできないくらい好き。

いろんな常識にとらわれないくらい好き。

そこまで好きだったからこそ『つまんでご卵』は実現できた。


早瀬さんの話を聞きながら思う。

もうちょっと「自分の好き」に正直に生きていい。

そうして、早瀬さんは小学生からの夢を手に入れた。養鶏家として、大好きなニワトリに囲まれ、家の前には、広大な自然が広がる。そんな夢だ。

「夢」に「好き」をかけあわせれば、その力はものすごい。

そうしたときに、改めて考えさせられるのだ。

私の夢は何だろう？

私の好きは何だろう？

さて、早瀬さんの夢のきっかけは小学校五年生の頃に読んだ本だった。

早瀬さんの心を大きく動かしたその本。今となっては題名も、著者名もわからない。何度も古本屋に行って探すけれど見つからない。おそらく、とっくに絶版になっているはずだし、著者も亡くなっているはずだ。

でもいつか、早瀬さんは、その著者にお礼が言いたいのだという。

「あなたの書いた本のおかげで、いい仕事に就けました。いい仕事ができました」

この本も、読んでくれたあなたの夢と好きの実現に、何らかのプラスの影響を与えることができればと思う。

早瀬憲太郎さん、奥様の三根子さん、『緑の農園』スタッフに心から感謝します。

デザイナーの今東淳雄さん、築地書館の皆様に感謝します。
農業の楽しさ、すばらしさを教えてくれた多くの農家の皆様に感謝します。
大切な大切な家族に、心から感謝します。

佐藤剛史

あとがきにかえて——農業ビジネスの新たな可能性

体をこわさなければ、たぶんサラリーマンを続けていただろう。一級身体障害者、すなわち人工透析患者になったからこそはじめることができた私の事業である。社会に相当の負荷をかける身となりながら、それなりの仕事ができたのは、非常に嬉しいと思っている。

社会に一定の弱者が存在するのは、ある意味必然である。そして、それが現実の社会というものなのであろうが、当人にしてみればやはり、負荷だけをかけ続けていくのは、忍びない気がするのである。その意味で、人の喜ぶ何かをなし得たことを、私は素直に喜びたい。

さて、本文にもあるが、私の目標のひとつにフランチャイズ方式による『つまんでご卵』の生産拡大がある。誰が参加してくれてもいいのだが、中でも私が強く希望するのは、障害者施設など福祉団体の参加である。

高い利益を生み出す仕事が、福祉施設に回ってくる可能性は少ないだろう。そんな仕事があれば、誰だって自分でやる。かくして施設には、安い手間仕事ばかりが持ち込まれることになる。

そんな施設で『つまんでご卵』の生産に取り組んでいただけないものか。農場経営だけに、障害の程度に応じた仕事はいくらでもあるのだ。そこでは、究極のワークシェアリングが実現するだろう。

実は現在、複数の福祉団体で、フランチャイズ化が検討されている。実現するかどうかは不明だが、ひとつでもモデルケースができることを、心から希望している。

農業ビジネスの新たな可能性だ。

私が日頃しゃべり散らしていることを、九州大学の佐藤先生がこの本にまとめてくれた。私にも何かを書いてみたいという欲望はあったのだけれど、佐藤先生の一言が効いたのだ。

「早瀬さん。自分では自分をほめられないでしょう」……なるほど。

その一言で執筆をお願いしたわけだが、その成果は、私が漠然と考えていたレベルをはるかに超えていた。私はただ出まかせのようにしゃべっただけであるが、佐藤氏はそれを「まとめ」「並び替え」「分類し」「分析し」「公式に当てはめて」くれた。それが学問の力なのか佐藤氏個人の力量なのかは、ただの養鶏家の私にはわからないけれど、**この本には力が満ちあふれている。**佐藤剛史先生、ありがとう。

こんな私が事業を続けられたのは、ひとえに透析病院の適切な治療のおかげである。重松クリニックの重松勝院長と、信愛クリニックの庄垣内良人院長には、特にお礼を申し述べる。

最後になったが、いつの日も笑顔（ばかりではなかったが）で、我がままで勝手で独善的でかんしゃくもちの私（いいとこねえなっ！）を、支え続けてくれた妻・三根子にお礼を言いたい。そしてお願いの言葉もくっつけて締めくくろうと思う。

「三根子、長いことありがとう。君がいなかったら、今の『緑の農園』は存在しなかっただろう。これからも末永くよろしく頼むよ。君はまれにしか見られぬほどのすばらしい女性だ（が、すぐ家を飛び出すのは良くないクセだ）。趣味の川柳を贈って終わろう。

「六〇に　なってもやはり　子はかすがい」

「腎臓を　ひとつくれると　妻の言い」　　糸島　摘んでご卵

早瀬憲太郎

『緑の農園』のあゆみ

一九八九年

福島県糸島郡志摩町にて養鶏場を開く

二〇〇羽のヒナからスタート

一九九〇年

近隣の意識の高い農家・メーカーと提携、『緑の農園』を名乗る

ニワトリを六〇〇羽に増やす

エサ用の攪拌機を購入

テレビの取材をきっかけに、『つまんでご卵』とネーミング

一九九一年

近くの山を造成して、簡易鶏舎を建設

ニワトリを二〇〇〇羽に増やす

台風十九号上陸、簡易鶏舎が吹き飛ぶ

一九九二年

『つまんでご卵』商標登録

『つまんでご卵ケーキ工房』

一九九四年
共同出資により、直売所を開設、鶏舎を新設
ニワトリを四〇〇〇羽に増やす

一九九五年
共同経営に失敗、早瀬すべてを失う

一九九七年
糸島郡志摩町にて、再び鶏舎を建設

一九九八年
四棟目の鶏舎が完成、現在の形になる

一九九九年
直売所『にぎやかな春』開設

二〇〇八年
『つまんでご卵ケーキ工房』開設

笑顔が絶えない『緑の農園』

参考文献

笹村出『発酵利用の自然養鶏』農文協、二〇〇〇年
中島正『自然卵養鶏法　増補版』農文協、二〇〇一年
西日本新聞「鳥インフルエンザ　大規模化、工業的飼育の矛盾克服へ」二〇〇四年三月二九日朝刊
早瀬憲太郎「福岡・緑の農園」『農業技術体系　畜産編第五巻採卵鶏（実際家の技術と経営）』1頁～10頁、農文協、二〇〇九年
早瀬憲太郎「自然卵養鶏への提案（2）――まずは、わが経営の現状を紹介！」『現代農業』農文協、二〇〇四年八月号
早瀬憲太郎「自然卵養鶏への提案（3）――大規模に負けない「小規模」経営を増やす」『現代農業』農文協、二〇〇四年九月号
早瀬憲太郎「自然卵養鶏への提案（9）――改良は思わぬところまで及んでいる」『現代農業』農文協、二〇〇五年五月号
早瀬憲太郎「自然卵養鶏への提案（13）換気がよければ問題は8割がた解決したも同然」『現代農業』農文協、二〇〇五年一一月号
早瀬憲太郎「屠殺は、なるべく苦痛を与えず、上手に」『現代農業』農文協、二〇〇五年一一月号
早瀬憲太郎「気嚢は地球の低酸素時代に生み出された」『現代農業』農文協、二〇〇五年一一月号

早瀬憲太郎「緑の農園の究極の鶏舎システム」『現代農業』農文協、二〇〇五年一二月号
早瀬憲太郎「自然卵養鶏への提案（最終回）――本物の自然卵は1個50円で売れる」『現代農業』農文協、二〇〇五年一二月号
早瀬憲太郎「自然卵養鶏うちの卵の黄身の色――パプリカ・酵母粉末でオレンジ色」『現代農業』農文協、二〇〇七年一月号

よかねっとホームページ
www.yokanet.com/4.yokahitonet/pdf/yokahito2/yokahito2-3-111.pdf
九州企業特報ホームページ
http://www.data-max.co.jp/2009/12/post_7947.html
財界九州ホームページ
http://www.kyushu01.com/01/0812/0812-196.html
第一交通産業グループホームページ
http://www.daiichi-koutsu.co.jp/ones/ones7/myway.html
たまご博物館ホームページ
http://homepage3.nifty.com/takakis2/index.htm

株式会社ゲン・コーポレーションホームページ
http://www.ghen.co.jp/jp/index.html
株式会社ハイテムホームページ
http://www.hytem.com/
大宮製作所ホームページ
http://www.omiya-ss.co.jp/pro_tbjansen.html
畜産ＺＯＯ鑑ホームページ
http://zookan.lin.go.jp/
財団法人進化生物学研究所ホームページ
http://www.nodai.ac.jp/rieb/index.html
有限会社緑の農園ホームページ
http://www.natural-egg.co.jp/
社団法人日本養鶏協会ホームページ
http://www.jpa.or.jp/index2.asp
社団法人畜産技術協会ホームページ
http://jlta.lin.gr.jp/chikusan/
「鶏の研究」ＷＥＢ版ホームページ

http://kikoushobou1.blog68.fc2.com/
鶏卵肉情報センターホームページ
http://www.keiran-niku.co.jp/index.html
住まいネット新聞「びお」ホームページ
http://www.bionet.jp/2008/10/tamago_2/
政府統計の情報窓口ホームページ
http://www.e-stat.go.jp/

著者紹介

佐藤《さとう》 剛史《ごうし》

農学博士。現在、九州大学大学院農学研究院助教。

1973 年、大分県生まれ。

研究と実践活動の統合を目指し、環境保全や食育などの分野で多彩な事業を展開。年間の講演は 100 回を超える。

主な著書は『ここ―― 食卓から始まる生教育』『いのちをいただく』(以上共著、西日本新聞社)、『すごい弁当力！―― 子どもが変わる、家族が変わる、社会が変わる』（五月書房）など、いずれもベストセラー。

新聞、テレビ、ラジオなどへの出演も多数。

早瀬《はやせ》 憲太郎《けんたろう》

（有）緑の農園・代表、養鶏部門・営業・技術担当。

1947 年、岐阜県生まれ。

東京農業大学農学部農学科卒業後、漫画家、私立高校講師を経て、ニワトリの総合商社のグループ企業に入社。

慢性腎炎の悪化を機に退職し、福岡県で農場を開設。

『緑の農園』で生産される『つまんでご卵』は好評を博し、常に品薄状態。

農産物販売の直売店『にぎやかな春』、ケーキ屋『つまんでご卵ケーキ工房』も店舗展開している。

趣味は、読書、漫画描き、動物飼育、ダイビング、食材研究、古武道などなど、多すぎて仕事に差し支えるほど。

金の卵　ニワトリへの愛情が黄金ビジネスを生む！

2010年8月 5 日　初版発行
2010年8月10日　2刷発行

著者　佐藤剛史・早瀬憲太郎
発行者　土井二郎
発行所　築地書館株式会社
〒104-0045
東京都中央区築地7-4-4-201
TEL 03-3542-3731　FAX 03-3541-5799
http://www.tsukiji-shokan.co.jp/
振替　00110-5-19057
印刷・製本　シナノ印刷株式会社
装丁　今東淳雄（maro design）

ISBN 978-4-8067-1405-7 C0034